Der Mini

Die große Geschichte des kleinen Mini

igloobooks

igloobooks

Deutsche Erstausgabe 2017
Igloo Books Ltd
Cottage Farm
Sywell
NN6 0BJ
www.igloobooks.com

HUN001 0117
2 4 6 8 10 9 7 5 3 1
ISBN 978-1-78670-383-5

Umschlagbild: Thinkstock, Getty Images
Aus dem Englischen von Andreas Jaedicke
Lektorat & Satz: G&R Vilnius, Litauen

Gedruckt und hergestellt in China

Inhalt

Einleitung

AUCH WENN DAS DAMALS WOHL NIEMAND ahnte, war die Autowelt nach dem 26. August 1959 nicht mehr dieselbe. An jenem Tag nämlich wurde das traditionelle Konzept des Kleinwagens über den Haufen geworfen, und das heute bei massengefertigten Autos dominierende Design begann sich durchzusetzen. Es war *Mini Day*, der Tag der ersten öffentlichen Vorstellung des Mini, eines der geschichtsträchtigsten, erfolgreichsten und beliebtesten Autos aller Zeiten.

Der Mini war eine ganz neue, kühne Art Auto: von außen beeindruckend kompakt, mit einer Mechanik, die sich stark von der anderer Autos der 1950er Jahre unterschied. Seine einzigartige Optik verkündete, dass es seinen Schöpfern vor allem um Funktionalität und nur wenig um Mode ging – kaum zu glauben, dass sich dieses kleine Auto schon bald zur Mode-Ikone mauserte. Geradezu unfassbar ist, dass der Wagen mit seinen gerade mal 848 Kubikzentimetern Hubraum und 34 PS gar zur Sportwagenlegende wurde und mit seinen großartigen Vorstellungen auf Rennstrecken und bei Rallyes die Autowelt noch einmal auf den Kopf stellte.

Am Faszinierendsten aber in einer von Veränderungen lebenden Branche ist die seit mehr als vierzig Jahren unveränderte

OBEN Der Mini war von Anfang an ein Liebling der Motorsportszene

GEGENÜBER Solange er produziert wurde, veränderte sich der Ursprungs-Mini kaum. Hier ein Modell aus dem Jahr 1965

Form des Mini, dessen Konzept und Image selbst im Jahre 2000 noch so beeindruckten, dass BMW das Zepter übernahm und aus dem Mini den MINI machte – eine von Grund auf erneuerte zweite Generation, die sich aber unverkennbar auf den Geist der ersten stützt. Und wie der Mini 1959 eroberte auch der MINI die Autowelt im Sturm.

Ein kurzer Blick auf das kaum veränderte Äußere legt nahe, dass der Mini keineswegs veraltet war. Dennoch hatte der ursprüngliche Mini in der Zwischenzeit Tausende von Verbesserungen erfahren und Dutzende unterschiedlicher Modelle hervorgebracht: Rileys und Wolseleys, Kombis, Vans, Pickups, Kabrios und den Moke.

Der Mini verkaufte sich fast auf der ganzen Welt (mit der bemerkenswerten Ausnahme der Vereinigten Staaten), und als im Oktober 2000 in Longbridge bei Oxford der letzte Ursprungs-Mini vom Band rollte, hatten beinahe fünfeinhalb Mil-

OBEN Der Mini war in zahlreichen Filmen und TV-Shows zu sehen. Diesen hier fuhr Rowan Atkinson als Mr. Bean

lionen Exemplare den Weg auf die Straße gefunden. Für ganze Generationen von preisbewussten jungen Fahrern und Fahranfängern war der Mini das Auto der Wahl, aber auch Familien, Prominente und sogar das britische Königshaus zählten im Laufe der vier Jahrzehnte, in denen er produziert wurde, zu seinen stolzen Besitzern.

Auch als Film- und TV-Star vermochte der Mini zu glänzen, so in *The Italian Job – Jagd auf Millionen* oder Mr. Bean. Und schließlich entwickelte er sich zur echten Sportwagen-Alternative für Hunderttausende von Fans, die sich entweder serienmäßig produzierte Sportflitzer wie den Cooper oder den Cooper S kauften, oder aber einen Mini in der Grundausstattung tunten. Im Schlepptau dieses Hypes entwickelte sich eine völlig neue Industrie, die die Bereiche Aftermarket-Tuning, Bodykits und andere »Tüftler-Aufbesserungen am Auto« bediente. Auch wenn der Entwickler des Mini stets hervorhob, er habe ihn nie als Sportwagen ausgelegt, fuhr das Auto bei Dutzenden großer Rallyes den Sieg ein, so dreimal zu seinen Glanzzeiten bei der Rallye von Monte Carlo sowie bei der Rallye-Europameisterschaft. Auf der Rennstrecke gewann der Mini gegen weit größere und stärkere Konkurrenten die Tourenwagen-Europameisterschaft und auch das britische Pendant – zum letzten Mal 1979, ganze zwanzig Jahre, nachdem er zum ersten Mal vom Fließband gerollt war. Im Laufe der Jahre ging er in Tausenden von Rennen aller möglichen Motorsport-Kategorien als Sieger hervor – von Testfahrten bis zu Bergrennen, von Rallyes bis zu Straßenrennen, und zumindest auf Vereinsebene gewann der Ursprungs-Mini noch Rennen, als der neue MINI längst die Bühne betreten und seine eigene Sportkarriere begonnen hatte.

Aber der Mini eroberte auch die Herzen der Menschen – der immense Kult um den kleinen Flitzer kontrastierte stark mit seiner Größe. Und genau das macht die Geschichte des Mini (und des MINI) zu einer der faszinierendsten seit der Erfindung des Automobils.

UNTEN Der MINI One in Formation, bald nach dessen 2001 erfolgter Markteinführung

Kapitel 1

Die Ursprünge

VERSETZEN SIE SICH FÜR EINEN AUGENBLICK in den August 1959 zurück, als der erste Mini das Licht der Welt erblickte. Einer Welt, die derjenigen kaum ähnlich sah, in die 42 Jahre später der MINI der zweiten Generation hineingeboren wurde. Für die britischen Motorsport-Fans hatte das Jahr nicht gut begonnen, denn im Januar war der amtierende Formel-1-Weltmeister Mike Hawthorn bei einem Autounfall in Surrey ums Leben gekommen. Das Luftkissenboot war der letzte Schrei der Technik, und der Rock'n Roll steckte noch in den Kinderschuhen. Der britische Premier Harold MacMillan stand vor der Wiederwahl, und sein Land erlebte in verhältnismäßigem Wohlstand das Ende eines Jahrzehnts voller internationaler Unruhen, in dem das Bedürfnis nach einem Auto wie dem Mini herangewachsen war.

Als man in Großbritannien um die Mitte der 1950er Jahre erstmals laut über ein Auto wie den Mini nachdachte, war in den Köpfen der Menschen der Zweite Weltkrieg noch präsent, und die für das Land sehr wichtige Automobilindustrie kam nur langsam wieder in Schwung. Nach dem Krieg wurden in Großbritannien eine Zeit lang nur Autos aus Vorkriegszeiten generalüberholt, denn es mangelte an Geld und Ressourcen, um neue zu bauen. Für den Kauf eines Neuwagens brauchte man zudem eine staatliche Genehmigung, und selbst damit kostete ein neues Auto etwa doppelt so viel wie ein vergleichbares Modell vor dem Krieg. Außerdem waren auf

Anweisung der Regierung viele der in Großbritannien produzierten Güter für den Export bestimmt, um die eingeführten Rohstoffe bezahlen zu können. Nur so konnte der britischen Industrie zurück auf die Beine geholfen werden. Und auch wer sich ein Auto leisten konnte, ob neu oder gebraucht, war vom herrschenden Mangel an Gütern des täglichen Bedarfs wie Reifen und Benzin betroffen. Beispielsweise wurde die zu Beginn des Zweiten Weltkriegs eingeführte Benzinrationierung erst im Mai 1950 aufgehoben. Zwar verblassten die Kriegseindrücke allmählich, aber neue Probleme in Korea und Japan, die Spannungen zwischen den USA, Russland und China, und die atomare Bedrohung durch den »Kalten Krieg« waren auch in Großbritannien allgegenwärtig.

Die Grundstimmung der Briten in den frühen 1950er Jahren war also recht optimistisch, und es ging ihnen vergleichsweise gut. 1951 präsentierte man auf dem »Festival of Britain« seine technischen und kulturellen Errungenschaften, und 1952 verdeutlichte der Jungfernflug des ersten Verkehrsflugzeugs der Welt, des de Havilland DH 106 Comet, dass Träume wahr werden. Eine Bestätigung für das neue, jugendliche Lebensgefühl war 1953 die Krönung einer jungen Königin, und mit den

GEGENÜBER In den 1950er Jahren herrschte in Großbritannien nach der Krönung der jungen Queen Elisabeth II. eine euphorische Stimmung

UNTEN Der de Havilland DH 106 Comet, das erste Verkehrsflugzeug der Welt, ein Symbol für Großbritanniens technologisches Know-How der Nachkriegsjahre

OBEN Die »Teddy Boys« repräsentierten eine neue Spezies: die Teenager. Sie waren jung und unabhängig, hatten Geld und sehnten sich nach einem Wandel

Teenagern brachte eine neuartige Spezies ein bisschen Spannung ins Leben. Da auch Großbritanniens Wirtschaft langsam wieder zu alter Form zurückfand, gaben die Leute nach der schrittweisen Aufhebung der Nachkriegsbeschränkungen auch wieder vermehrt Geld aus.

Als in den frühen 1950er Jahren die Nachfrage nach Neuwagen stieg, starteten die wichtigsten Autoproduzenten offensive Werbekampagnen. 1953 war der Ford Popular, der noch sehr an Vorkriegsmodellle erinnerte, in einer sehr einfachen Ausführung mit 390 Britischen Pfund das günstigste Vierzylinder-Auto der Welt. Den Austin A30 konnte man zur Mitte der 50er Jahre für 475, den Morris Minor für 529 und den Standard 8 für 481 Britische Pfund kaufen – alles Kleinwagen.

Während sich die Welt allmählich vom Krieg erholte, wirkte sich eine politische Krise erheblich auf die Automobilindustrie aus – und wurde zum wichtigsten Auslöser für die Entwicklung des Mini.

Nur wenige Monate nach der Aufhebung der Benzinrationierungen für britische Autofahrer im Frühsommer 1950 brachte eine neue politische Lage die Öl-Importe aus dem Nahen Osten in Gefahr. Im November 1950 verlangte der ägyptische König Faruk den sofortigen Rückzug aller britischen Truppen aus dem Streifen am Sueskanal, den sie seit Kriegsende besetzt hatten. Großbritannien weigerte sich, nach offizieller Lesart, weil die Zone zu seiner Verteidigung unerlässlich sei, wohl eher aber, weil der Kanal den direktesten Transportweg für Öl von den arabischen Ölfeldern nach Europa darstellte. Damals wie heute ist Öl ein äußerst wichtiges Handelsgut, und ein politisches Minenfeld.

Im November 1951 erklärte die ägyptische Regierung den Ausnahmezustand, und Großbritannien entsandte mehr Truppen nach Sues. Erst im Juli 1954 wurde der Rückzug der Soldaten für 1956 in Aussicht gestellt – was dann auch geschah. Aber die Hoffnung, dass man damit das Sues-Problem ad acta legen könne, war nur von kurzer Dauer. Kaum waren die britischen Truppen weg, riss Nasser, der Präsident der neuen Arabischen Republik Ägypten, die Kontrolle über den Kanal an sich. Er verstaatlichte die Aufsicht, kappte die Ölpipelines in Richtung Westen und machte den Kanal so zur einzigen direkten Versorgungsroute für Europa.

Mit der Bildung einer Allianz aus britischen und französischen Truppen wollte man Nasser dazu bewegen, einer internationalen Kontrolle über den Kanal zuzustimmen. Nachdem aber eine Verhandlungslösung scheiterte und Ägypten seine Truppen nicht zurückzog, marschierten diese Truppen am 31. Oktober in das umstrittene Gebiet ein. Nicht einmal in den USA und Großbritannien stieß diese Entscheidung auf breite Zustimmung, und so wurde schon neun Tage später ein von den Vereinten Nationen geforderter Waffenstillstand geschlossen.

Diese Pattsituation dauerte bis weit ins Jahr 1957 an, und die Schiffe mit Rohöl und Brennstoffen erreichten Europa über den langen Umweg um das Kap der Guten Hoffnung, was in Großbritannien zu einer erneuten Benzinrationierung führte. Da zugleich die allgemeine Ausgabenfreudigkeit der vergangenen Jahre die Inflation angeheizt hatte, geriet das Britische Pfund so stark unter Druck, dass die britische Regierung noch 1956 mit einer »Kreditbremse« reagierte, um die Ausgaben zu drosseln und insbesondere den Kauf von Luxuswaren zu erschweren.

Zu diesen Luxusgütern zählten auch die Autos, und so schufen Benzinmangel und Kreditkontrollen die idealen Voraussetzungen für die Entwicklung eines neuen Kleinwagens.

UNTEN In den späten 50er Jahren führte die Sues-Krise in Großbritannien zu Benzinrationierungen. Das Land schrie förmlich nach einem neuen Kleinwagen

Kapitel 2

Die Alternativen

SCHON VOR DER GEBURT DES MINI HATten die ungewöhnlichen Umstände der Nachkriegszeit zu einigen eher seltsamen Lösungen geführt. Die wirtschaftliche Situation war zur Mitte der 1950er Jahre in ganz Europa so angespannt, dass eine neue Generation von Kleinstwagen die Straßen bevölkerte, einige wenige mit einem bemerkenswert innovativen Design, die meisten aber simpel und in jeglicher Hinsicht hässlich. Nach der Form einiger besonders schlimmer Beispiele nannte man sie »Rollermobile«, und die Sues-Krise hauchte ihnen neues Leben ein.

Sie hatten kaum Ähnlichkeit mit den einfachen, aber konventionellen Kleinwagen wie Austin und Morris oder Citroën 2CV, Renault 4, VW Käfer und Fiat 500, und ihre Motorisierung war absolut minimal. Die klassischen Rollermobile wie die italienische Isetta oder die deutsche Heinkel Kabine, deren Gestalt an rollende Goldfischgläser erinnerte, wurden meist von den im Motorradbau verwendeten luftgekühlten Motoren mit weniger als 250 Kubikzentimeter Hubraum und selten mehr als einem Zylinder angetrieben. Als eine der seltenen Ausnahmen erzielte die an ein Flugzeug-Cockpit erinnernde vierrädrige Tiger-Version des Messerschmitt Kabinenrollers mit 425 Kubikzentimetern Hubraum ansprechende Fahrleistungen. Neben dreirädri-

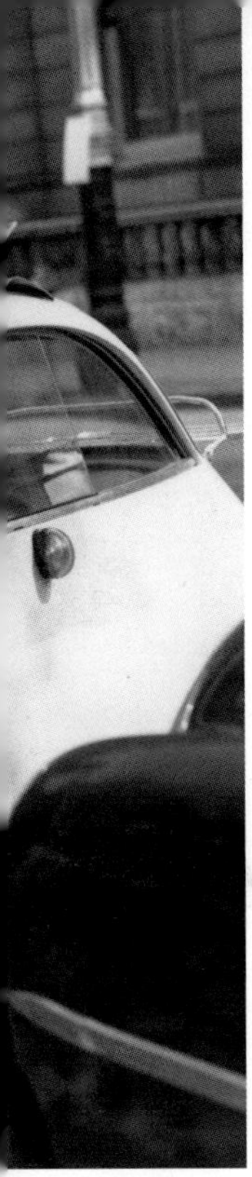

gen Rollermobilen gab es auch vierrädrige; bald saß der Beifahrer (meist nur einer) hinter dem Fahrer, bald neben ihm; bei einigen Modellen war die Vorderseite zum Einstieg aufklappbar, bei anderen das Dach abnehmbar, noch andere besaßen überhaupt kein Dach, und man kletterte von der Seite ins Auto.

Es gab Kabinenroller aus ganz Europa: aus Italien, Deutschland, Frankreich, Spanien, und auch aus Großbritannien. Zum Beispiel wurden die Isetta von BMW und der Kabinenroller von Heinkel in England in Lizenz gebaut. Rein britische Modelle waren die dreirädrigen Bonds und Berkeleys mit Motorradmotor und Glasfaser-Karosserie – einige mussten gar wie ein Motorrad angekickt werden. Und schließlich gab es da noch den Frisky, ein etwas größeres, aber kaum weniger spartanisches »Automobil«, das der britische Ingenieur Raymond Blume für die Cairo Motor Company in Ägypten entworfen hatte. Als sich die Sues-Krise zuspitzte, verlagerte er das Projekt nach England, wo das Fahrzeug schließlich in Wolverhampton gebaut wurde – vierrädrig, hinten mit engem Radstand, angetrieben von einem 249-Kubikzentimeter-Villiers Zweitakt-Motorradmotor. Die Karosserie mit den zwei nebeneinander angebrachten Sitzen erweckte zwar einen durchaus sportlichen Eindruck, aber die Fahrleistung entsprach diesem in keiner Weise.

Und genau das war die Art von Vehikel, die Sir Leonard Lord, einen der Motoren der britischen Autoindustrie und zur Mitte der 1950er Jahre Vorsitzenden der British Motor Corporation (BMC), so auf die Palme brachten.

GEGENÜBER In den 50er Jahren waren Rollermobile wie die italienische Isetta eine neue, aber eher unpraktische Alternative zu konventionellen Kleinwagen

UNTEN Der dreirädrige britische Bond mit Glasfaser-Karosserie und Motorrad-Motor. Der BMC Chef war wenig beeindruckt

Kapitel 3

Der Mann hinter dem Mini

LEONARD LORD (CHEF VON Morris vor der Fusion mit Austin zu British Motor Company 1951) schlug im März 1957 als Antwort von BMC auf die Sues-Krise und die damit verbundene Ölknappheit den Bau eines neuen Kleinwagens vor. Er wolle ein kleines Auto, sagte er, machte aber zugleich mit aller Deutlichkeit klar, was nicht infrage kam, weil er es aus tiefstem Herzen hasste: »Gott verdamme diese scheißhässlichen Rollermobile! Wir müssen sie von der Straße holen und ein echtes Miniatur-Auto entwerfen…« Damit meinte er einen Wagen, kleiner als die bereits existierenden BMC-Kleinwagen Morris Minor und Austin A30, mit maximalem Passagierraum bei minimaler Fahrzeuggröße. Es sollte vier Erwachsenen Platz bieten und zugleich erschwinglich und ein echtes Auto sein.

So lautete der Auftrag, den Lord dem BMC-Chefingenieur Alec Issigonis erteilte, der die Idee umsetzen sollte.

Ohne Issigonis hätte der Mini wahrscheinlich nie das Licht der Welt erblickt. Und schon gar nicht in einer Gestalt, die den Markt für Kleinwagen völlig auf den Kopf stellte. Der Mini war nicht das Werk einer Expertenkommission, sondern eine Vision Issigonis', der 1957 weit abseits der ausgetretenen Pfade ging und als Ingenieur schon großes Ansehen genoss.

Wer den Mini verstehen will, sollte erst näher mit eben diesem Mann Bekanntschaft schließen: Alexander Arnold Constantine Issigonis, geboren im November 1906 in Smyrna (heute Izmir), das damals zum im Osmanischen Reich gehörte. Sein Vater Konstantin, ein Grieche, hatte in jungen Jahren länger in England studiert und gelebt und kehrte als Mittdreißiger und britischer Staatsbürger nach Smyrna zurück. Dort besaß die Familie eine Maschinenfabrik, die Konstantins Vater gegründet hatte. Alex' Mutter Hulda, die Konstantin im Alter von 35 Jahren geheiratet hatte, war die Tochter eines wohlhabenden Bayern, des Gründers der Brauerei in Smyrna.

Alles beste Voraussetzungen für eine glückliche und sorgenfreie Kindheit, was in gewissem Maße für Alec Issigonis auch zutraf. Wegen der damals herrschenden politischen Lage gestalteten sich seine jungen Jahre aber zugleich ziemlich kompliziert. Während Alecs Teenagerjahren tobte der Erste Weltkrieg, in dem das Osmanische Reich auf Seiten des Deutschen Reiches stand. Eine in Deutschland geborene Mutter war somit durchaus nichts Negatives, aber sein Vater mit britischer Staatsbürgerschaft weigerte sich, dass seine Fabrik für die Deutschen produzierte. Das Familieneigentum wurde deshalb beschlagnahmt und die Familie bis Kriegsende unter Hausarrest gestellt. Der Erste Weltkrieg ging zu Ende, doch Smyrna blieb noch für Jahre zwischen Griechen und Türken umkämpft und wurde 1922 in Schutt und Asche gelegt. Deshalb evakuierten die Briten die Familie Issigonis im selben Jahr – zunächst nach Malta, ein Jahr später nach London. Der Umzug nach London fand jedoch ohne Alecs schwerkranken Vater statt, der in Malta bleiben musste und verstarb, bevor seine Frau zu ihm zurückkam. In England begannen Alec und seine Mutter ein neues Leben und wohnten die nächsten 50 Jahre bis zu Huldas Tod im Jahr 1972 zusammen. Alec war bereits Mitte 60 und

GEGENÜBER Alec Issigonis, der Designer des Mini, 1958

OBEN Alec Issigonis am 22. Juli 1969, dem Tag seines Ritterschlags, vor dem Buckingham Palace

nach einem Leben für die Autoindustrie gerade in den Ruhestand getreten.

In den 1920er Jahren studierte Alec an der Battersea Polytechnic School, die er ohne richtigen Abschluss verließ, weil er in Mathematik nicht besonders gut war. Nach dem Studium nahm er sich ein Jahr Auszeit und reiste mit seiner Mutter durch ganz Europa, und 1928 begann er mit dem Entwurf eines Automatikgetriebes seine Karriere in der Automobilindustrie. In den frühen 1930er Jahren entwarf er für den Automobilhersteller Humber als Zeichner in der damaligen britischen Autoindustrie noch eher seltene Einzelradaufhängungen, und 1936 wechselte er zum britischen Autobauer Morris unter der Leitung von Leonard Lord.

Als Morris und Austin zu BMC fusionierten und sich abzeichnete, dass das neue Unternehmen eine für Issigonis deutlich zu konservative Design-Philosophie verfolgen würde, kündigte er und wechselte zum britischen Sportwagenhersteller Alvis. Für seinen neuen Arbeitgeber entwarf er eine große, schnelle, teure Luxuslimousine mit einer außergewöhnlichen technischen Ausstattung, die aber nie gebaut wurde, vermutlich, weil Alvis sich die Produktion nicht leisten konnte.

So kehrte er, als ihn sein alter Chef Leonard Lord darauf ansprach und ihn zu überzeugen vermochte, 1956 zu BMC zurück. Dort schloss er sich als Chefingenieur dem Austin Design Büro in Longbridge bei Oxford an. Als schließlich die Sues-Krise ausbrach und Lord mit seinen Vorstellungen von einem neuen Kleinwagen zu ihm kam, war Issigonis der richtige Mann zur rechten Zeit am rechten Ort.

Schon während seiner ersten Zeit bei Morris hatte er ein Auto entworfen, das man als ein Design-Meisterwerk bezeichnen könnte: den Morris Minor. Erste Gedanken dazu hatte er sich noch während des Zweiten Weltkriegs gemacht. Damals beteiligte er sich gerade an militärischen Projekten wie einem leichtgewichtigen Aufklärungsfahrzeug und einem kleinen Amphibienfahrzeug mit Außenbordmotor und entwarf Einzelradaufhängungen für MG. In den frühen 40er Jahren begann er nun unter dem Codenamen Mosquito an seinem ersten komplett eigenen Entwurf für ein Auto zu arbeiten – für eines der bekanntesten je produzierten britischen Autos: den Morris Minor.

Bei seiner 1948 erfolgten Markteinführung war der Minor mit seinem Zweitakt-Boxermotor nicht ganz so innovativ wie Issigonis es sich gewünscht hätte, doch eine einzigartige Kombination fortschrittlicher Eigenschaften wie eine selbsttragende Karosserie – die meisten anderen Autos besaßen damals noch ein separates Fahrgestell mit Drehstabfederung oder auch Schrauben- oder Biegefederung – ließ aufhorchen. Nach der deutlich spürbaren Design-Stagnation der Nachkriegsjahre wurde er deshalb als Großbritanniens erster »moderner« Kleinwagen bejubelt. Der Wagen mit bemerkenswerter Lebensdauer bedeutete für Issigonis den Durchbruch als Fahrzeugdesigner, doch sein Folgeprojekt machte ihn für immer berühmt.

UNTEN Der 1948 eingeführte Morris Minor, ein für seine Zeit sehr modernes und innovatives Auto, war Issigonis' erstes Meisterwerk

Kapitel 4

Die Lösung

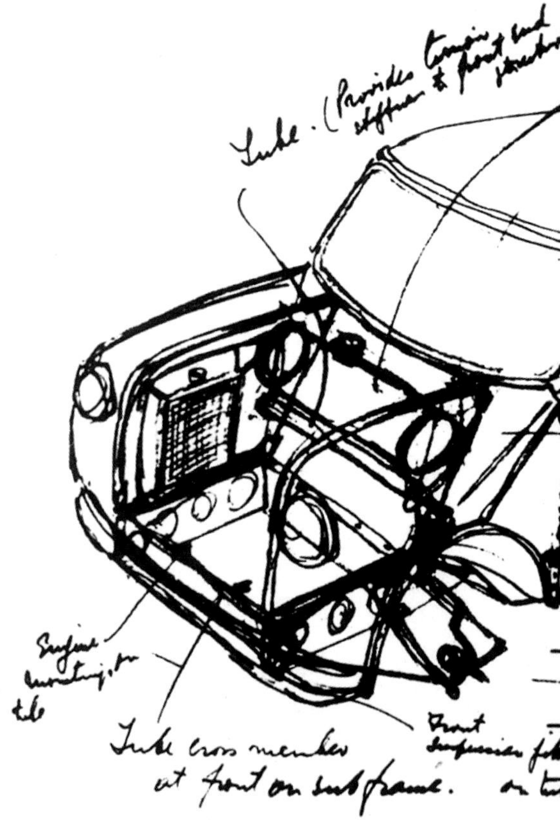

NICHT NUR EIN »ECHTER KLEINWAGEN« musste es sein, so der Auftrag Leonard Lords an Issigonis, sondern er sollte auch von einem bereits von BMC produzierten Motor angetrieben werden und innerhalb von zwei Jahren produktionsreif sein.

Es begann als Projekt ADO (Austin Drawing Office) 15. Wie zuvor beim Minor hielt Issigonis seine Ideen erst in Skizzen fest und gab diese darauf an die Konstruktionszeichner weiter. Schon früh entschied er sich für einen Motor aus der kompakten und kostengünstigen Serie-A, die BMC unter anderem im Minor und im A30 verbaute. Seine Zielvorgaben für die Größe waren 3 Meter Länge, 1,2 Meter Breite und 1,2 Meter Höhe – groß genug für die von Lord gewünschten 4 Passagiere, aber mit konventionellem Frontmotor, Heckantrieb und Limousinenform und Stufenheck nicht zu erreichen.

OBEN Leonard Lord hatte einen Kleinwagen vor Augen, der die Rollermobile an Eleganz bei weitem übertraf

Als Erstes musste Issigonis das Getriebe unterbringen. An seinem angestammten Platz passte es nicht unter die Motorhaube, hinter dem Motor oder seitlich davon ragte es in den Fahrgastraum, oder das Auto würde zu lang. In einem Geniestreich verlegte es Issigonis unter den Motor, in eine speziell entworfene Ölwanne, der nur noch der Achsantrieb folgte.

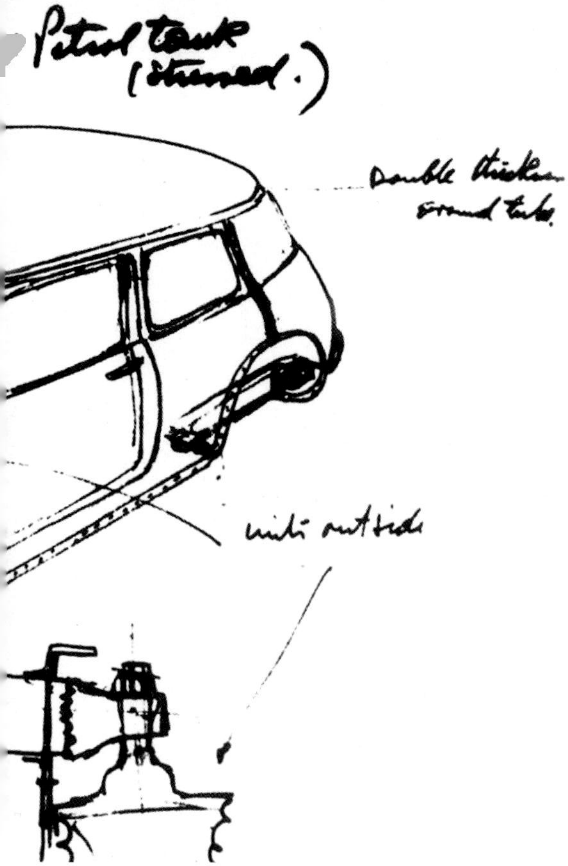

Eine weitere revolutionäre Idee waren die mit einem Durchmesser von 25 cm winzigen Räder, für die spezielle Dunlop-Reifen sowie dazu passende Trommelbremsen benötigt wurden. Damit Aufhängung und Lenkung ausreichend Spielraum hatten, mussten eine ungewöhnlich kompakte Radaufhängung und Antriebswellengelenke her. Das erste Problem löste Issigonis mit einem weiteren Geniestreich: mit einer von seinem langjährigen Freund Alex Moulton entwickelten Gummifederung. Diese nahm nur wenig Platz ein und funktionierte unabhängig von der Autobeladung zuverlässig. Außerdem konnten leichtere Stoßdämpfer zum Einsatz kommen, denn die Federung selbst wirkte bereits dämpfend. Und die Antriebswellen beinhalteten spezielle Verbindungsstücke aus Metall mit einfachen, flexiblen Gelenkstücken.

Mit einfachen Karosserienähten statt teurerer Abbrennschweißungen und Türscharnieren an der Außenseite konnte Issigonis die Kosten niedrig halten. Beide Elemente trugen zum charakteristischen Stil des Mini bei, auch wenn er nie ein Styling im eigentlichen Sinne erfuhr. Issigonis schätzte nämlich das einem Modetrend folgende Styling von Autos gering – seine Designs waren ausschließlich funktional. Er reduzierte stets alles auf das Wesentliche und senkte so die Kosten, ohne Abstriche bei der Funktionalität zu machen. So kamen Türen mit Schiebefenstern und Ziehschnüren statt Griffen ohne zusätzliche Verbindungsteile oder Kurbelmechanismen aus, waren preiswert und sparten zudem wertvollen Stauraum ein, ohne den Passagierraum zu verkleinern. Zwar hatte Issigonis den seiner Meinung

MITTE Eine frühe Mini-Skizze Issigonis' lässt bereits das clevere Design erkennen. Man beachte den Benzintank unter der Motorhaube

OBEN Alex Moulton, der die Aufhängung für den Mini entworfen hatte, 1963, auf einer seiner anderen Kreationen – einem Moulton-Fahrrad mit Gummifederung

OBEN Ein Mini-Prototyp, der schon fast wie ein Serienwagen aussieht. Man beachte aber die andere Ausführung des Kühlergrills

nach überflüssigen klassischen Kofferraum knapp bemessen, dafür boten Ablagemöglichkeiten im Innenraum, in den Türen, in den hinteren Karosserieseiten, auf dem Armaturenbrett und sogar unter den Hintersitzen zusätzlichen Stauraum. Und passten mal nicht alle Koffer in den Kofferraum, konnte man die Heckklappe auf die soliden Haltegurte herunterlassen und die Klappe als zusätzliche Gepäckablage verwenden. Schon die einzelnen Details des Designs können als clever bezeichnet werden, in seiner Gesamtheit aber ist es geradezu genial.

Erstaunlich war auch, dass Issigonis die fast unmöglichen Zeitvorgaben einhielt. Schon vier Monate, nachdem er grünes Licht erhalten hatte, baute er mit seinem kleinen Team die ersten Modelle, und nach sieben Monaten waren aus den Skizzen technische Zeichnungen geworden und zwei als A30 getarnte Prototypen gebaut, die man wegen ihrer orangen Farbe nur »Orangenkisten« nannte.

Die größte Veränderung vom Prototypen zum produktionsreifen Auto bestand in der Drehung des Motors um 180 Grad, damit Auspuff und Vergaser hinter dem Motorblock zu liegen kamen. Diese Maßnahme trennte zwar wie beabsichtigt den Vergaser von den anderen Bauteilen, zog aber neue Probleme nach sich, so die Abdichtung der Zündung und die Notwendigkeit eines zusätzlichen Satzes Zahnräder zur Änderung der Antriebsrichtung. Das wiederum war aber mit zusätzlichem Gewicht und einem mäßigen Leistungsverlust verbunden. Das Team verbesserte Schaltung, Bremsen, Motor und Aufhängung, aber in einer Hinsicht gingen sie einen Schritt zurück: der 37-PS-Motor mit 948 Kubikzentimetern Hubraum wurde durch einen mit 34 PS und 848 Kubikzentimetern ersetzt. Man war nämlich der Ansicht, die 140 km/h Höchstgeschwindigkeit der Prototypen könnten die Kunden überfordern und reduzierte sie deshalb auf 115 km/h.

Das Jahr 1958 hatte begonnen. Im Sommer testete Sir Leonard Lord einen der überarbeiteten Wagen und gab ihn beinahe umgehend für die Produktion frei, mit einer Zielvorgabe von einem Jahr.

Mit den nächsten Prototypen hatte das Team schon beinahe Produktionsreife erreicht, das letzte halbe Dutzend Minis könnte man gar als Vorserie bezeichnen. Schließlich wurden auf den beiden vorgesehenen Fertigungsanlagen in Longbridge für Austins und in Cowley für Morris eine Handvoll Autos von Hand gebaut, um auch deren Funktionstüchtigkeit zu prüfen.

Im Juni 1959 war die Produktionsmenge groß genug für den Verkaufsstart, der schließlich gar ein paar Tage vor dem ursprünglich geplanten Termin stattfand: am 26. August 1959, dem Mini Day.

UNTEN Bei den ersten Prototypen waren der Motor »verkehrt herum« montiert und der Vergaser vorgelagert. Der A30 Kühlergrill diente der Tarnung

Kapitel 5

Auf die Straße

DER MINI WAR SCHON AUFgrund seiner mit Konventionen brechenden Erscheinung und Ausstattung dazu bestimmt, Schlagzeilen zu machen. Pünktlich zum Tag, an dem er sich erstmals in den Ausstellungsräumen der Autohändler präsentierte, waren in der Presse die ersten Eindrücke und technischen Beurteilungen nachzulesen, denn man hatte Vertreter derselben schon eine Woche zuvor zu einer Probefahrt eingeladen. Selbst die anspruchsvollsten und hartgesottensten Autotester erkannten, dass sie es mit einem ganz besonderen Auto zu tun hatten. So schrieb die einflussreiche Wochenzeitschrift »The Motor« in ihrer ersten Rezension über den Mini: »Eigenschaften, die man meist für unvereinbar hielt, sind im neuen Austin Seven mit nur 848 Kubikzentimetern Hubraum erstaunlich gut vereint.«

Abgesehen vom Modellnamen – Mini Minor – und dem Kühlergrill war die Morris-Version absolut identisch mit der von

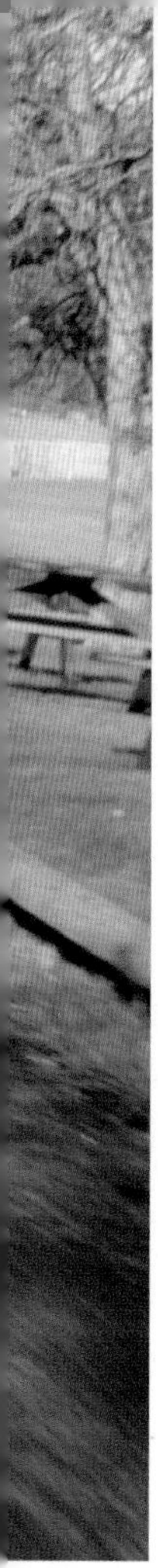

Austin. Beide Namen stammten von Kleinwagen aus der Geschichte der British Motor Company (BMC), die 1959 mit der Herstellung des Mini begann, beziehungsweise von Austin und Morris, die 1951 zu BMC fusionierten. Der ursprüngliche Austin 7 ging als einer der bedeutendsten Kleinwagen in die britischen Automobilgeschichte ein und wurde von 1922 bis 1939 als kleines Auto für einen großen Markt gebaut, zu einer Zeit, als das Autofahren für die breite Masse noch relativ neu war. Und der Name Mini-Minor nahm Bezug auf ein früheres Meisterwerk Issigonis, den Morris Minor. Das lässt darauf schließen, dass sich die Hersteller für ihren neuen Kleinwagen eine große Zukunft versprachen.

Da keine von Issigonis revolutionären Ideen auf dem Weg zur Produktion über Bord gekippt wurde, glich das nur 3 Meter lange Auto in den Ausstellungsräumen der Händler erkennbar dem vom Mann aus Izmir auf Tischdecken und Zigarettenpackungen skizzierten Modell. Wie erwartet, bot es vier Erwachsenen halbwegs bequem Platz und dazu erstaunlich viel Stauraum. Der Mini mit seinen vier winzigen Rädern und den eigens entwickelten Trommelbremsen war auf die von Issigonis Freund Alex Moulton entwickelte gummigefederte Aufhängung gebettet und mit einem quer eingebauten 848-Kubikzentimeter-34-PS-A-Front-Motor ausgerüstet. Vergaser und Auspuffanlage befanden sich zwischen Motor und vorderer Spritzwand, der Verteiler gefährlich nah neben den Frontbauteilen, direkt hinter dem Kühlergrill.

Das Getriebe lag wie geplant unter der Kurbelwelle, in einer Art Ölwanne, die beim Mini aber die doppelte Größe aufwies und somit ein beachtliches Getriebegehäuse abgab. Die letzte Antriebseinheit befand sich hinter dem Motor und trieb über relativ einfache Antriebswellen mit Gummi-

GEGENÜBER Ein Austin Seven, 1959.

OBEN Premierminister Harold Macmillan bewundert den neuen Morris Mini Minor auf der Earls Court Motor Show, 1959

OBEN Frühe Werbeaufnahme eines Austin Seven mit dem Gepäck, das sich angeblich darin verstauen ließ

gelenken und Gleichlaufgelenken an den Enden die Vorderräder an.

Die Presseberichte nach den Probefahrten sollten dem neuen Auto zu einem fliegenden Verkaufsstart verhelfen und den Markt davon überzeugen, dass das Konzept des Mini wirklich funktionierte. Das Fachmagazin »The Autocar« nahm seinen Testwagen mit auf eine 13 200 Kilometer lange Reise quer durch Europa, über die es während vier Wochen berichtete. Die Journalisten waren mit einer Durchschnittsgeschwindigkeit von fast genau 58 km/h unterwegs und hatten bei einer Etappe in 24 Stunden sage und schreibe 1065 Kilometer zurückgelegt. Die einzigen Probleme, die während dieser langen Reise auftraten, waren Überhitzung, die Anfälligkeit des ungeschützten Zündverteilers auf Nässe sowie ein paar gebrochene Stoßdämpferhalterungen.

Das ist umso bemerkenswerter, wenn man sich die extrem kurze Entwicklungszeit vor Augen hält. Den letzten Feinschliff erhielt der Mini nach Beginn der Produktion – unterstützt von zahlreichen inoffiziellen Testfahrern von der Motorsportpresse, an die das Unternehmen zahlreiche fabrikneue Minis für sechsmonatige Testfahrten ausgeliehen hatte. Und offenbar liebten ihn alle.

Die Revolution, die der Mini im Kleinwagensegment auslöste, war überwältigend. Die Zeit der Rollermobile war mit Erscheinen des Mini vorbei, und auch die übrigen Kleinwagen hatten zu leiden. Auch wenn sie nicht den Schwanz einziehen und von der Bühne abtreten mussten, sah zum Beispiel der Austin A30, ein Cousin des Mini aus dem Hause BMC, mit seinem konventionellen Heckantrieb und seinem Limousinendesign auf einmal gewöhnlich aus. Und auch bei den anderen Konkurrenten, etwa Fords beinahe zeitgleich auf den Markt gebrachtem Anglia mit seiner nach hinten abfallenden Heckscheibe oder dem von Pininfarina entworfenen Austin A40 mit Fließheck, ist schwer zu glauben, dass sie wirklich Zeitgenossen des Mini waren. Auch noch nach über 50 Jahren scheint ein klassischer Mini auf der Straße nicht fehl am Platz, dagegen sehen all seine Konkurrenten von 1959 heute richtig alt aus.

Außerdem waren sie zwar alle erheblich größer als der Mini, boten aber nur selten wesentlich mehr Nutzraum. Allein der 105E Anglia erreichte mit seiner herausragenden OHV-Ventilsteuerung und dem cleveren Vierganggetriebe eine um einige Kilometer pro Stunde höhere Geschwindigkeit als der Mini, doch er war wie alle anderen Konkurrenten auch erheblich teurer.

Keine der Eigenschaften jedoch, die man heute als Stärken des Mini bezeichnen würde, vermochte die notorisch konservativen britischen Autokäufer der späten 50er Jahre auf Anhieb zu überzeugen. So kämpfte er denn, was den Verkauf betraf, mit einigen Startschwierigkeiten, doch der Grund dafür war wohl vielmehr ein Imageproblem.

Der typische britische Käufer eines Familienautos (trotz seiner Mini-Größe galt der Mini als Familienwagen), legte mehr wert auf den Eindruck, den er mit seinem Gefährt hinterließ, als auf die tollsten Ingenieurlösungen. Der Mini bekam es also mit einer Krise zu tun …

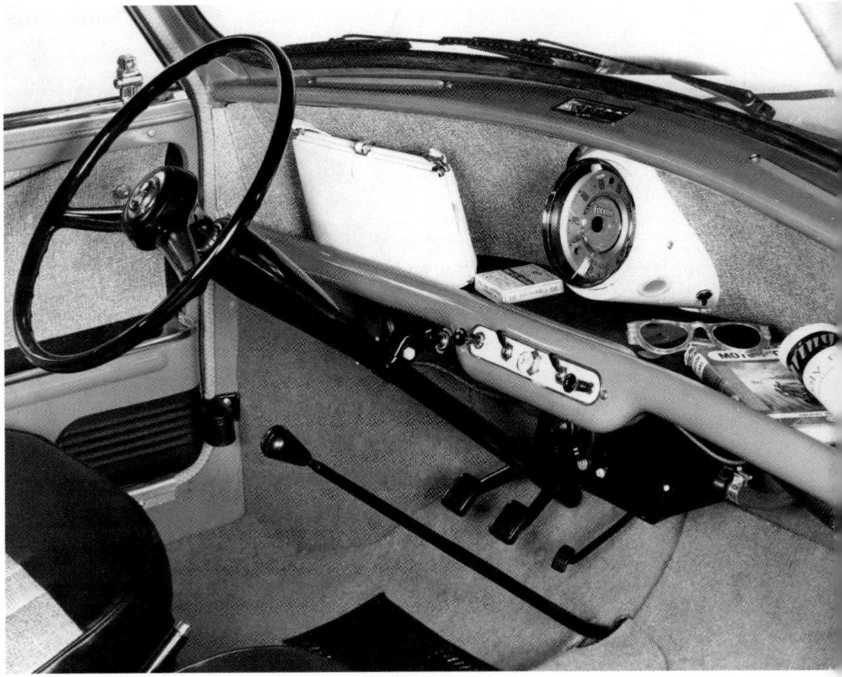

OBEN Das Innere des ersten Mini war spartanisch aber geräumig, mit einer praktischen Ablage für Handtasche, Sonnenbrille und eine Packung Zigaretten

Kapitel 6

Akzeptanz

WIE RAFFINIERT, GUT ZU FAHREN und praktisch der Mini auch war, nach seiner Markteinführung kämpfte er mit einem großen Problem, das nichts mit seiner Technik zu tun hatte: Sein Design war zu modern für die Zeit. So verkaufte er sich gelinde gesagt nicht gut.

Nicht dass der Mini besonders teuer gewesen wäre. Zwar konnte er den Titel des preiswertesten Kleinwagens nicht für sich in Anspruch nehmen, doch viel fehlte nicht. Von den 1959 in Großbritannien erhältlichen »echten« Autos kostete nur der alte und sehr einfache Ford Popular mit 419 Pfund deutlich weniger als die günstigste Ausführung des Mini mit 497 Pfund, während der Austin Seven 850 Super De Luxe – mit so luxuriösen Extras wie einer Heizung! – für etwas über 537 Pfund zu haben war, von denen mit 159, also fast 30 Prozent auf Steuern entfielen. Der Anglia, der neue Konkurrent des Mini von Ford, kostete 1959 bei seiner fast zeitgleichen Markteinführung saftige 589 Pfund – fast genauso viel wie ein Morris Minor, die konventionellere Alternative zum Mini von BMC.

RECHTS In den 1960er Jahren stand der Mini für Lifestyle. Kaufe einen und genieße das Leben – gerade so wie diese beiden Frauen

Wie bereits angesprochen, hatte der Mini zu Beginn auch mit technischen Schwierigkeiten zu kämpfen, aber ein Start ganz ohne Pannen wäre angesichts des innovativen Designs und der spektakulären Entwicklungszeit eine große Überraschung gewesen. Einer dieser frühen Fehler zeigte deutlich, dass die Ingenieure bei ihrem hohen Entwicklungstempo vor lauter Bäumen den Wald nicht gesehen hatten: Beim Mini drang Wasser durch den Boden ein, und so waren schon bald erst die Teppiche, dann auch die Füße nass. Man erzählte sich damals, man bekomme zu jedem neuen Mini ein Paar Gummistiefel, aber das fand, wer den Mini ernst nahm, gar nicht lustig.

Viel Zeit und Geld wurde investiert, um den Grund dafür herauszufinden: Zum Beispiel fuhren Mitarbeiter mit dem Mini durch Pfützen, während Ingenieure auf dem Fahrzeugboden lagen und nach dem Leck suchten – ohne Erfolg. Daraufhin füllte man den Schweller mit Schaumstoff – ebenfalls ohne Erfolg. Keine einzige Maßnahme half, bis jemand feststellte, dass die beiden Bauteile, aus denen der Fahrzeugboden bestand, umgekehrt aufeinander lagen als beim Prototypen, in den keine Nässe eindrang. Deshalb wurde das Wasser nicht abgewiesen, sondern ins Innere befördert.

Dieses Problem konnte man somit umgehend beheben und andere angehen. Begeisterte Minifahrer hatten die hervorragende

UNTEN Am 7. Oktober 1965 kam Peter Sellers zum zweijährigen Firmenjubiläum von Radford mit einem De Ville Mini aus einer riesigen Geburtstagstorte – einem Geschenk für seine Frau Britt Ekland

OBEN Mike Nesmith von den Monkees mit dem bis dahin teuersten Mini, einem von Radford gebauten Cooper S

Kurvenlage des Mini entdeckt. Deshalb verstärkte man, um ein Hervortreten der Achse zu verhindern, die Räder. Eine stärkere Motoraufhängung sorgte dafür, dass das Auspuffrohr nicht brach, wenn der Motor sich hin- und herbewegte, eine bessere Öldichtung der Kurbelwelle verhinderte das Tropfen von Öl auf die Kupplung. Auch einen leiseren, mehrflügeligen Ventilator baute man ein, denn der ursprünglich verwendete vierflügelige strapazierte bei hoher Geschwindigkeit mit schrillem Lärm die Ohren. Schließlich erleichterte 1962 ein neuartiges Synchrongetriebe das Umschalten der Gänge erheblich. Der Mini war nun ein weit besseres Auto als in der im Eiltempo zur Produktionsreife getriebenen ersten Version.

Der Verkauf lief schleppend an: In den vier Monaten bis Ende 1959 liefen gerade mal 19749, und 1960, im ersten ganzen Produktionsjahr, 116677 Exemplare Fahrzeuge vom Band – bei weitem zu wenig für das Überleben des Mini auf dem hart umkämpften Markt. Ausschlaggebend war aber keines der zuvor genannten Probleme. Was dem Mini in jenen frühen Tagen im Weg stand, war ein weit größeres Hindernis, das nur schwer aus dem Weg zu schaffen war. Die anvisierte Käuferschicht wollte nicht in der Weise des Mini hervorstechen – preiswert und ungewöhnlich. Und auch von den niedrigen Betriebskosten und der herausragenden Wirtschaftlichkeit ließen sie sich nicht beeindrucken, denn selbst kostengünstige Autos galten als Statussymbol, und da größer mit besser gleichgesetzt wurde, sprach der Mini mögliche Käufer kaum an.

Dem Mini drohte also das vorzeitige Aus, doch die Geschichte nahm eine seltsame Wendung. Während die eigentlich angesprochene Arbeiterklasse sich vom neuen Kleinwagen abwandte, galt er bei der »Schickeria« schon bald als »in«: Mit dem Mini machte man nicht nur eine gute Figur im Verkehr von Chelsea oder Kensington, er war auch der weitaus stylischste Kleinwagen.

Filmstars und Models, die Rockerszene und die Welt des Designs empfingen den Mini mit offenen Armen. Schon bald kurvte Peter Sellers in immer exotischeren Minis herum, und Spike Milligan, sein Kollege aus der Goon Show, trat in einem BMC-Werbespot auf, denn der Mini war für ihn ein wahrhaft patriotisches Auto. Auch die Beatles fuhren Minis, ebenso Lulu. Um die Mitte der 1960er Jahre besaß Mike Nesmith von den Monkees den damals teuersten Mini, eine Sonderanfertigung des Mini-Karosseriebau-Spezialisten Radford mit einem getunten 1275-Kubikzentimeter-Cooper-S-Motor und einem luxuriösen Interieur, bei dem weder Klimaanlage noch ausgefallene Musikanlage aus Radio und

OBEN In den 1960er Jahren waren Lord Snowdon und Prinzessin Margaret jung und beliebt. Als sich das Paar einen Mini anschaffte, wurde das genau registriert

OBEN Komiker Spike Milligan mit seiner Frau in ihrem Mini, 1965

Kassettendeck fehlen durften. Entsprechend kostete er mit 3640 Pfund (ohne Steuern, da Nesmith ihn ausführte) siebenmal so viel wie der erste Mini.

Die Schauspieler Laurence Harvey, Hayley Mills und Jenny Agutter fuhren alle einen Mini, ebenso die Models Jean Shrimpton und Twiggy. Sogar der legendäre amerikanische Schauspieler und begeisterte Rennfahrer Steve McQueen war ein Mini-Fan. Zwar unterschieden sich die Minis der Stars in ihrer Ausstattung fast immer stark vom Basismodell, aber ihre Begeisterung schlug natürlich auch im unteren Marktsegment durch – plötzlich galt der Mini als schick.

Noch wichtiger war vielleicht, dass der Mini auch über die Szene der Film- und Rockstars hinaus bei den oberen Klassen und sogar beim Hochadel Anklang fand. Fürstin Gracia Patricia von Monaco kurvte in einem Mini durch ihr Fürstentum. Und was in der britischen Öffentlichkeit für das größte Aufsehen sorgte: Nachdem Alec Issigonis Königin Elisabeth II. in einem Mini durch den Hyde Park gefahren hatte, outeten sich Prinzessin Margaret, ihre Schwester, und deren Ehemann, der Gesellschaftsfotograf Lord Snowdon, als eingeschworene Mini-Fans. Lord Snowdon wurde außerdem zu Issigonis' engem Freund.

Mit einem Schlag hatte sich der Mini, ohne eine wesentliche Veränderung durchgemacht zu haben, vom kleinen, kauzigen, billigen, unattraktiven motorisierten Schuhkarton für die Arbeiterklasse zum stylischen klassenübergreifenden Statussymbol gemausert. Und auf einmal kam man kaum mehr nach mit der Produktion. Aus dem ein schnelles Ende verheißenden Rinnsal von weniger als 120 000 verkauften Autos im Jahr 1960 wurde ein reißender Strom. 1961 knackte der Mini die Marke von 150 000 verkauften Exemplaren, 1965 rollte der millionste Mini vom Band. Ende der 1960er Jahre hatten bereits über zwei Millionen Exemplare einen Käufer gefunden, und die Jahresproduktion betrug mehr als eine Viertelmillion Minis.

Der Mini hatte sich zum Dauertrend entwickelt, und das war noch keineswegs das Ende.

UNTEN Wenn Steve McQueen einen Mini fuhr, dann musste er ein cooles Auto sein

Kapitel 7

Minis mit Extras

SCHON MITTE DER 1960ER JAHRE HATTE DER Mini seine ursprüngliche Gestalt oft weit hinter sich gelassen, denn die betuchten Mini-Fans verwandelten ihre Lieblinge in kleine Luxuskarossen voller Holz und Leder, oft mit getuntem Motor. Und auch nur wenige »normale« Mini-Käufer beließen ihr Auto lange im Kaufzustand. Überdies gesellte sich zu den diversen regulären Modellen mit Sonderausstattung wie den Deluxe-Versionen und all den kleinen Extras, die man von BMC selbst kaufen konnte, allmählich eine ganze Industrie für diverse Extras: extra Leistung, extra Komfort, extra Kofferraum, extra Aussehen.

Das oberste Käufersegment wie Filmstars und Hochadel bedienten Karosseriebauer und Tuner, für die Geld keine Rolle spielte: Namen wie Wood & Pickett, Harold Radford, Hoopers oder die genialen Tuning-Zauberer von Downton bürgten dafür, den winzigen Mini in wahrhafte Rolls-Royce-Klone zu verwandeln – natürlich zu gesalzenen Preisen, wie die berühmten Autos von Mike Nesmith und Peter Sellers vor Augen

führten. Aber es gab natürlich auch bescheidenere Extras für den kleineren Geldbeutel.

Es gab allerlei gebrauchsfertige Extras zu kaufen, mit denen man aus einem Mini fast alles zaubern konnte, wovon man träumte – von nobel bis lächerlich. Zum Angebot gehörten praktische Schmankerl wie Schalthebelverlängerungen, besser geformte Gaspedale und zusätzliche Einstellmöglichkeiten für den Fahrersitz oder auch Austauschsitze, genauso wie kleine Spielereien, die den eigenen Mini aus der Masse herausstechen ließen – von kleinen Augenbrauen aus Chrom zum Anbringen über den Scheinwerfern bis zu den von Peter Seller so gemochten Seitenwänden aus Korbimitat. Des Weiteren konnte man Dachträger und scheußlich aussehende Außen-Kofferräume erstehen, um mehr Gepäck verstauen zu können, oder zusätzliche Benzintanks für eine größere Reichweite. Schließlich verbesserten weitere erhältliche Extras die Feinabstimmung und Zuverlässigkeit des Mini: So hielten Spurstangen den Motor stabil an seinem Platz, und stärkere Verbindungsstücke verhinderten einen Auspuff-Bruch.

Das wohl tollste Extra aber war der getunte Motor, von dessen Leistung der ursprüngliche Mini nicht einmal zu träumen gewagt hätte. Er gehörte aber genau so zum Image des Mini wie seine Größe.

Man kann dem Schöpfer des Mini, Alec Issigonis, nicht nachsagen, er hätte sich nicht für Leistung interessiert – dass er das tat, davon zeugen seine Erfahrungen im Motorsport als Auto-Designer, Kon-

OBEN Dieser Radford Mini aus dem Jahr 1971 zeichnet sich durch einzigartige Scheinwerfer, Radkastenerweiterungen und ein durchgehendes Schiebedach aus

GEGENÜBER Dieser Mini Cooper S wurde 1968 von John Sprinzel und Wood & Pickett für Prinz Mohammed Bolkiah von Brunei gebaut und kostete mehr als 4000 Pfund

OBEN Ein Wood & Picket Mini mit einem eher seltsam anmutenden Cabrio-Tuning

strukteur und Fahrer. Dennoch sah er den Mini in erster Linie als Gebrauchsfahrzeug und nicht als das Symbol für Motorleistung oder gar als Auto, das Straßenrennen und Rallyes gewinnen sollte.

Issigonis sagte selbst dazu: »Als der Mini entwickelt wurde und in Produktion ging, verschwendete ich keinen Gedanken an Motorsportwettbewerbe. Wir entschieden uns für ein Design, das dem Mini eine gute Straßenlage und Stabilität verleiht, aber aus Gründen der Sicherheit und Fahrfreude. Nie im Leben hätte ich mir vorgestellt, dass er sich zu einem so erfolgreichen Rallye-Auto mausern würde.« Natürlich verfolgte Issigonis die ersten Rennen des Mini dennoch mit großer Begeisterung.

Seine Erfahrungen mit dem Motorsport lagen zwar bei der Entwicklung des Mini schon einige Zeit zurück, beeinflussten aber dessen Geschichte durchaus. Ihren Beginn markierte der Umbau des geistigen Vorfahren des Mini, des original Austin Seven, in den 1930er Jahren zu immer sportlicheren Gefährten. Schließlich baute er zusammen mit George Dowson, einem befreundeten

Ingenieur, einen eigenen Wagen, einen kompakten, schlanken Einsitzer mit Frontantrieb für Berg-, Kurz- und Rundstrecke. Den von ihm selbst entworfenen, für die damalige Zeit sehr fortschrittlichen Wagen nannte er »Lightweight Special« und verpasste ihm unter Ausnutzung seiner Kontakte in der Motorsportabteilung von Austin einen ganz besonderen, sportlichen Austin-Seven-Kompressormotor mit 60 PS und 750 Kubikzentimetern Hubraum, Seitenventilen und dem dazu passenden Getriebe.

Vieles an der Entstehung dieses Rennwagens erinnerte an den Mini, den er ein Vierteljahrhundert später entwerfen sollte: Statt richtiger Konstruktionspläne fertigte er nur Skizzen an, auf deren Grundlage er und George Dowson dann den Wagen bauten. Und wie später beim Mini brach er mit zahlreichen Konventionen der Zeit.

Einer der Schlüssel zu seinem Erfolg war sein leichtes Gewicht. Sein Chassis war keines der in den 1930er Jahren üblichen wie ein Leiterrahmen oder etwas Ähnliches. Stattdessen bestanden seine Seiten aus mit Aluminium beschichtetem Sperrholz und klemmten die vordere und hintere Spritzwand, den Sitz, den Motor, das Getriebe und die Aufhängung der Hinterachse wie bei einem Sandwich ein. Der Leightweight Special war viel steifer als ein Wagen mit Leiterrahmen und mit gerade mal 500 Kilo auch viel leichter. Selbst für einen Rennwagen damals noch ungewöhnlich war die Einzelradaufhängung, die auch noch eine – wegen des geringen Gewichts wesentlich weichere – Gummifederung anstelle der üblichen Stahlfedern aufwies – genau wie der Mini zwanzig Jahre später.

UNTEN In den frühen 1960er Jahren begann Crayford mit dem Bau von Cabriolets

OBEN Issigonis baute diesen »Lightweight Special« aus einem Austin Seven

Wie beim Mini trug die Gummifederung mit zur Reduzierung des Gewichts bei und resultierte in einer geringeren Komplexität, natürlicher Dämpfung sowie einer progressiven Federung. Deshalb zeichnete sich der Lightweight Special durch eine überdurchschnittliche Fahrdynamik bei unterdurchschnittlichem Leistungsgewicht aus.

Issigonis und auch Dowson fuhren mit dem 1938 fertiggestellten Boliden Rennen und stellten sein Potenzial eindrücklich unter Beweis, als sie beim legendären Prescott-Bergrennen die ähnlich motorisierten Rennwagen von Austin besiegten. Leider verhinderte der Krieg eine Weiterentwicklung des Lightweight Special. Aufgrund seines fortschrittlichen Designs gewann er jedoch in den späten 1940er Jahren mit einem von Issigonis und Dowson 1947 entwickelten OHC-Motor weitere Rennen. Später untersagten Issigonis' neue Chefs bei BMC ihm den Start bei Rennen, weil er zu wertvoll für sie war.

Am entscheidendsten beeinflusste der Lightweight Special die Geschichte des Mini wohl 1946, indem er Issigonis und den jungen und innovativen Rennwagen-Designer John Cooper bei den Brighton Speed Trials zusammenbrachte. Auf der Madeira-Drive Kurzstrecke trat Issigonis' Lightweight Special gegen Coopers ersten 500-Kubikzentimeter Cooper Special an, den Vorläufer einer ganzen Generation von Formel-3-Einsitzern mit Motorradmotoren, gebaut vom Pionier für Rennwagen mit mittelgroßen Motoren. Zwar schlug Cooper Issigonis an diesem Tag, aber die beiden wurden sehr gute Freunde.

Jetzt lasst uns wieder in die Anfangszeit der Mini-Produktion springen, als entdeckt wurde, dass er viel mehr sein könnte als ein Stadtauto. Zwar hängten es weder Issigonis noch die Prototyptester an die große Glocke, aber viele Mini-Besitzer bemerkten schon bald die erstaunlich gute Straßenlage ihres Autos. Deshalb nahmen bereits wenige Wochen nach seiner Markteinführung die ersten Mini-Fans mit nur geringfügig veränderten Serienmodellen an Kurzstreckenrennen oder Testfahrten teil und bewiesen, dass der Mini es dank seiner Kompaktheit und Wendigkeit auf der richtigen Rennstrecke mit weit leistungsstärkerer Konkurrenz aufnehmen konnte – genau wie Jahre zuvor der Lightweight Special.

Als der Mini seine ersten Rennen mit kaum mehr als den serienmäßigen 34 PS bestritt, war er auf gerader Strecke verständlicherweise nicht sehr schnell, hängte aber in den Kurven die größeren Autos regelmäßig ab. So sollte es noch für viele Jahre bleiben, sowohl auf der Stra-

UNTEN Von Anfang an fuhr man mit nur geringfügig veränderten Mini-Serienmodellen auch Rennen. Hier ein Mini vor einem Ford Anglia und einem weiteren Mini bei einem Rennen in Silverstone, 1961

OBEN Wie diese Aufnahme aus dem Jahr 1961 zeigt, machten Rennen mit einem Mini richtig Spaß

ße als auch auf der Rennstrecke. Wer den Mini erstmals Mal bei einem Rennen am Start sah und spottete, dem verging das Lachen sehr schnell, wenn er feststellte, was für ein Favoritenschreck er war. Er schlug nicht nur die direkte Kleinwagen-Konkurrenz mit Heckantrieb, sondern jagte auch ausgewachsenen Sportwagen und sogar viel größeren Limousinen Angst ein. Ein fantastischer Anblick, wie er mit kreischenden Reifen und Rauschschwaden um die Vorderräder durch die Kurven raste, dabei durch Lücken schlüpfte, die eigentlich gar nicht existierten und den Tourenwagen-Rennen seinen Stempel aufdrückte.

Noch vor Ende 1959 fuhr der Mini in Snetteron mit »Doc« Shepherd den ersten Klassensieg ein. Und 1961 gewann er seinen ersten großen Titel, die Britische Tourenwagenmeisterschaft, als John Whitmore nicht nur in seiner Klasse siegte, sondern auch im Gesamtklassement über viel stärkere Konkurrenz.

Natürlich musste der Mini auch Niederlagen einstecken, denn die bekannten Schwachstellen wurden unter Rennbedingungen besonders beansprucht und dann gingen Teile wie Räder, Auspuff oder Kupplung kaputt. Bei einem frühen 6-Stunden-Rennen in Silverstone traten die Probleme mit den Rädern so offen zutage, dass der Start von Minis mit original Stahlrädern bei britischen Motorsportveranstaltungen verboten wurde. Genau wie bei den Straßenautos wurden auch die Probleme der Rennwagen mit der Zeit gelöst, wovon alle Minis profitierten.

Das Phänomen wurde auch von den Leuten hinter dem Mini bemerkt, und so wurde aus Issigonis alter Rivalität mit John Cooper eine lange währende Freundschaft – die Grundlage für ein neues Kapitel in der Geschichte des Mini.

Kapitel 8

Hier kommt der Cooper

WÄHREND ISSIGONIS AUF ANORDNUNG seiner Arbeitgeber keine Rennen mehr fuhr, war John Cooper in den Jahren seit seinem Duell mit Alec in immer höheren Motorsportklassen gestartet, von 500-Kubikzentimeter-Rennautos in der Formel 3 über Sportwagen bis hin zum Gipfel des Motorsports, der Formel 1. Er gilt als Wegbereiter des modernen Chassis mit Mittelmotor hinter dem Fahrer aber noch vor den Hinterrädern, wie es seither bei einsitzigen Rennwagen üblich ist.

Als der Mini bei den ersten Rennen antrat, hatte Cooper bereits die Formel-1-Konstrukteursweltmeisterschaft gewonnen und ein florierendes Unternehmen aufgebaut, das für den wachsenden Motorsportmarkt serienmäßig produzierte Rennautos mit Motoren anbot, die Cooper höchstpersönlich entwickelt hatte. Er baute die Autos, in denen zahlreiche künftige Legenden wie Stirling Moss, Jack Brabham, Bruce McLaren oder Graham Hill ihre ersten Rennen fuhren.

OBEN Die ersten Mini Cooper sahen nicht viel anders aus als der ursprüngliche Mini

OBEN Anfangs konnte man zwischen einem Austin Cooper und einem Morris Cooper wählen. Diese Version aus dem Jahr 1964 ist ein Morris

Und er ließ den Kontakt mit Alec Issigonis nicht abbrechen. Als der Mini mit einem ihm bestens vertrauten Motor, einem Vierzylinder aus der A-Serie, auf den Markt kam, wusste Cooper sofort einige interessante Verbesserungsmöglichkeiten.

Wie die Film- und Rockstars, Models und der Hochadel entschieden sich auch die besten Rennfahrer für den Mini – nicht so sehr wegen seiner für den Stadtverkehr praktischen Größe oder seines klassenübergreifenden Chics, sondern wegen des erstaunlichen Fahrverhaltens. Als selbst Coopers Formel-1-Fahrer wie Brabham und McLaren sich einen Mini zulegten, gab er ihrem Auto ein bisschen mehr Power – vom A-Serie-Motor, den er so gut kannte.

1961 trat Cooper mit dem Vorschlag an Issigonis heran, den Mini, der inzwischen zu seiner Identität gefunden zu haben schien, auch in der Straßenversion mit mehr Leistung auszustatten. Bei den BMC-Chefs stieß

seine Idee auf großes Interesse, denn sie hatten beschlossen, dass der Motorsport für den Mini in Zukunft eine größere Rolle spielen sollte. Somit benötigten sie eine Serienversion des Mini, die sich in ausreichender Anzahl verkaufte und den Wünschen der Motorsportfans entsprach.

Man beauftragte deshalb John Cooper offiziell mit der Entwicklung eines derartigen Autos, und er stellte es, wie zuvor Issigonis den Mini, in Rekordzeit fertig. Mit einem A-Serie Motor mit 997 statt 848 Kubikzentimetern Hubraum, verändertem Zylinderkopf, modifiziertem Auspuffsystem und zwei SU-Vergasern, die mehr Benzin ansaugten, peppte Cooper den Mini leistungsmäßig auf. Zudem ersetzte er zur Verbesserung der Gangschaltung den ursprünglichen langen Schalthebel mit einem Fernschaltgestänge und fügte vordere Scheibenbremsen hinzu – damals die kleinsten in einem bekannten Serienauto.

Wie den Mini fuhren die BMC-Chefs auch das neue Auto Probe und mochten es so sehr, dass sie Cooper eine Abgabe von 2 Britischen Pfund für jedes vom Band gelaufene Auto bezahlen wollten, das seinen Namen trug – jeden Mini Cooper. Vielleicht hatten sie ja ihre Zweifel, ob ihnen der Verkauf der 1000 von den Rennregeln geforderten Fahrzeuge auch gelänge, doch schon wenige Monate nach Coopers Vor-

OBEN Die Mini Cooper waren ein sofortiger Erfolg, sowohl auf der Rennstrecke als auch auf der Straße

OBEN LINKS John Cooper zu Beginn der 1960er Jahre. Ein Mann, mit dessen Namen der Mini für immer verbunden bleibt

OBEN Veränderter Motorraum eines Mini Cooper S

schlag kam der Mini Cooper im September 1961 auf den Markt. Man kann mit Recht behaupten, dass er das Image des Mini in dessen unruhigen Anfangszeiten in gleichem Maß stärkte wie die Filmstars und der Hochadel, denn von nun an stand der Name »Mini« auch für Sportlichkeit.

In der Tat beeindruckte schon der erste Mini Cooper. Sein 997-Kubikzentimeter-Motor lieferte statt 34 PS deren 55 und damit ganze 62 Prozent mehr als das Grundmodell! Somit erreichte er mit 142 km/h auch eine um 24 km/h höhere Spitzengeschwindigkeit, während die Beschleunigung von 0 auf 100 km/h sich von etwa 30 Sekunden – das galt, ob Sie es glauben oder nicht, 1959 für ein kleines Familienauto als hervorragend – auf beeindruckende 18 Sekunden verkürzte. Das im Vergleich zum Original-Mini enger abgestufte Getriebe mit den deutlich kürzeren Schaltzeiten, die stärkeren Bremsen und die verbesserte Aufhängung machten den Cooper zu einem ganz neuen Auto und zum sofortigen Erfolg auf Straße und Rennstrecke.

Die Mini Cooper gewannen Rennen um Rennen, und die emporschnellenden Verkaufszahlen nach den Erfolgen bestätigten das alte Autobauersprichwort »Gewinne die Rennen am Sonntag und verkaufe die Autos am Montag«. Ein gutes Jahrzehnt hielt diese Erfolgssträhne des Mini und des Cooper an – in allen möglichen Motorsportwettbewerben und auf der ganzen Welt.

1962 warb BMC in einer Anzeige mit den internationalen Erfolgen des Autos wie dem Triumph in der Britischen Tourenwagenmeisterschaft (durch John Love), den Klassensiegen in Snetterton, Goodwood, Aintree, Silverstone, Crystal Palace, Mallory Park, Oulton Park und Brands Hatch sowie Erfolgen außerhalb Großbritanniens, so beim Coupe des Bruxelles, dem Prix Vienne, dem 12-Stunden-Tourenwagenrennen in Washington, beim Großen Preis von Deutschland auf dem Nürburgring in der Kategorie Tourenwagen und einem Gesamtsieg in Chartres. Bei der schwedischen Meisterschaft belegten Mini Cooper gar die drei ersten Plätze in der 1-Liter-Klasse.

Ein Jahr später gewann Rob Sloetemaker mit dem neuen Cooper S auch die Europameisterschaft. Und 1964 war ein Traumjahr für den Mini, denn Warren Banks heimste neben dem britischen und europäischen Titel in der 1-Liter-Klasse auch den europäischen Gesamttitel ein, während John Fitzpatrick in einem weiteren Cooper S in der 1300-Kubikzentimeter-Klasse triumphierte.

Aber auch das war erst der Anfang. Dieser erste Cooper S war im März 1963 als Straßenauto auf den Markt gekommen und einer der fulminantesten Minis überhaupt. Nun machte sich der vor Kraft strotzende Cooper mit seinem hochtourigen 1071-Kubikzentimeter-Motor mit großen Zylinderbohrungen und kurzem Kolbenhub auf, auch die Klasse bis 1100 Kubikzentimeter zu erobern. Seine zahlreichen speziell gefertigten Teile wie Kolben, Ventile und Nockenwellen waren von großer Bedeutung für die Entwicklung von Rennmotoren.

Die Straßenversion des ersten Cooper S erreichte mit 70 PS eine für 1963 ausgezeichnete Höchstgeschwindigkeit von 150 km/h und beschleunigte in weniger

UNTEN Mit seinem alleinigen Erkennungsmerkmal »John Cooper S« auf der Motorhaube, sieht dieser Cooper S von 1967 gemessen an den heutigen Maßstäben eher zahm aus

OBEN Dieser Motor eines Cooper S aus dem Jahr 1968 ist mit zwei Weber-Vergasern ausgestattet

als 13 Sekunden von 0 auf 100 km/h. Weitere Verbesserungen waren sein stärkeres Getriebe, breitere Räder und stärkere Servobremsen – verbunden mit dem legendären Fahrverhalten des Mini ein sensationelles Gesamtpaket.

Immer neue Mini-Cooper-Modelle bevölkerten die Straßen, denn neue Rennklassen winkten und die Nachfrage nach Straßenautos, auf denen Coopers Logo prangte, übertraf selbst die kühnsten Erwartungen der BMC-Chefs.

Als nächstes wurde im Januar 1964 der 997-Kubikzentimeter-Langhuber durch einen 998-Kubikzentimeter-Kurzhuber ersetzt. Der Cooper gewann dadurch zwar nicht mehr Leistung aber mehr Flexibilität und Zuverlässigkeit und ließ sich zudem leichter tunen. Der einzige Nachteil bestand darin, dass auch er wie der herkömmliche Mini statt der genialen Gummi-Federung eine Hydrolastic-Federung verpasst bekam, die das Auto angeblich bequemer machte, aber erhebliche Einbußen bei der Bodenhaftung und dem Fahrverhalten mit sich brachte. Und leider wurde das auch bis 1971 so belassen – dem »Todesjahr« der ersten Mini-Cooper-Generation. Aber eins nach dem anderen.

Passend für die verschiedenen Rennklassen in Europa – bis 1000, 1100 beziehungsweise 1300 Kubikzentimeter – gab es 1964 eine Zeit lang drei Cooper-S-Modelle mit 970, 1071 und 1275 Kubikzentimetern Hubraum. Da in allen drei Motoren der gleiche Zylinderblock aus der treuen A-Serie verwendet wurde, machte BMC mit den Mini Cooper ausgezeichnete Geschäfte. Nach dem ursprünglichen 1071-Kubikzentimeter-Cooper erschien im April 1964 zunächst die 1275-Kubikzentimeter-Version mit dem längstmöglichen Kolbenhub, der größten Leistung und dem höchsten Drehmoment aller für die Straße zugelassenen

S-Motoren: 76 PS bei einen Drehmoment von 107 Nm – fast doppelt so viel wie die 60 Nm des ursprünglichen Minis. Damit knackte er bei einer Beschleunigung von 0 auf 100 km/h in weniger als 11 Sekunden beinahe die 160 km/h – wirklich beeindruckend für ein so kleines Auto.

Dieses Modell war nicht nur der Cooper S mit dem größten Motor, sondern verkaufte sich auch am besten. Am anderen Ende der Größenskala stand der hochtourige 970-Kubikzentimeter-Cooper-S mit seinem beachtlich kurzen Kolbenhub – ein fantastischer Rennwagen für die 1000-Kubikzentimeter-Klasse, aber etwas zu wild für die Straße. Deshalb verkaufte sich dieser sonst atemberaubende Wagen, der fast so schnell fuhr wie ein 1275er und ähnlich rasant beschleunigte wie ein 1071er weniger als 1000 Mal und damit eigentlich zu wenig, um die Rennregeln zu erfüllen.

Aber das spielte in diesem Fall keine Rolle, denn noch mehr als seine großen Brüder hatte man den kleinsten Cooper S auf Rennen getrimmt. Auf der Rennstrecke waren die Mini Coopers meist an ihrer dunkelgrünen Farbe, dem weißen Dach und den weißen Streifen auf der Motorhaube zu erkennen, bei Rallye-Etappen an ihrer roten Farbe, dem weißen Dach und weißen Streifen. Schon bald wurden diese Farbkombinationen auch zum Erkennungsmerkmal der Straßen-Coopers. Während die Werksrallyewagen unter Kontrolle der Rennabteilung in Abington bei Oxford (Heimat auch von MG) standen, gehörten die Werksrennwagen immer zu externen Rennställen wie Cooper, Broadspeed und 1964 und 65 sogar zu Coopers Grand-Prix-Rivalen Tyrrell, dessen Fahrer Warwick Bank 1964 damit die Europäische Tourenwagenmeisterschaft gewann.

In der Blütezeit der 1960er Jahre wurden die Rennautos immer weiter verbes-

UNTEN Motor eines Mini Cooper aus der Anfangszeit mit den beiden markanten SU-Vergasern

OBEN 1275-Kubikzentimeter-Version eines Cooper S bei der Rallye Monte Carlo, 1968

sert. Sogar die 1000-Kubikzentimeter-Autos hatten schließlich 120 PS und die 1300er Cooper mit Benzineinspritzung von 1968 mit ihren Querstrom-Zylinderköpfen gar 140. Das entsprach in etwa der Leistung, mit der die damals 25 cm kleinen und schmalen Vorderräder des Mini gerade noch zurechtkamen. Diese Ausstattung garantierte spektakuläre Rennen mit so begnadeten Mini-Fahrern wie John »Smokey« Rhodes, der die Kunst des Driftens mit rauchenden Reifen perfektionierte und zum erfolgreichsten Mini-Werksfahrer aller Zeiten wurde. Gegen so starke Konkurrenz wie Gordon Spice, den britischen Tourenwagenmeister in der Klasse bis 1000 Kubikzentimeter des Jahres 1968, Fitzpatrick, Banks und den ehemaligen Rallye-Star John Handley gewann Rhodes zwischen 1965 und 1968 nicht weniger als vier Mal in Folge die britische Tourenwagenmeisterschaft in der Klasse bis 1300 Kubikzentimeter. 1969 konnte der Mini mit Rhodes als Fahrer den vielleicht größten Sieg als Favoritenschreck verbuchen, als er auf dem Salzburgring die Wertung in der offenen Klasse für sich entscheiden konnte – gerade richtig zum zehnjährigen Geburtstag des Mini.

Natürlich konnte es nicht ewig so weitergehen, aber auch noch, als Ford mit dem Escort die Bühne betrat, setzten sich die Minis tapfer zur Wehr. 1968 gewann Handley für das Werksteam British Vita Racing die Gesamtwertung einer weiteren Europameisterschaft, und 1969, als die gelb-schwarzen Cooper offiziell für Abingdon fuhren, holte die Equipe Arden mit Alec Poole den Gesamttitel mit einem 1-Liter-Cooper.

Und man staune, aber auch hier gingen die Erfolge weiter – noch für fast ein weiteres Jahrzehnt. Ab 1969 mischte Richard Longman die Mini-Motorsportszene auf, als er ein Rennen nach dem anderen gewann, auch 1977 noch, als er gesponsert von Patrick Motors in Donington und Brands Hatch die Gesamtwertungen in der neuen und enorm starken Gruppe 1 für sich entscheiden konnte. Und für noch größeres Erstaunen sorgte, dass er sowohl 1978 als auch 1979 die Gesamtwertung der Britischen Tourenwagenmeisterschaft in der Klasse bis 1300Kubikzentimeter gewann. Aber nach 20 Jahren an der Spitze war das dann aber endgültig der Anfang vom Ende.

UNTEN Der Cooper und der Cooper S dominierten den Motorsport während der ganzen 1960er Jahre, auch wenn sie gegen Ende des Jahrzehnts Konkurrenz in Gestalt des neuen Ford Escort erhielten

Kapitel 9

Do It Yourself!

WER EINEN LEISTUNGSSTARKEN, SERIEN-MINI suchte, für den waren der Mini Cooper und der Cooper S genau das Richtige, doch nicht alle gaben sich damit zufrieden. Angesichts der zahlreichen vornehmen Mini-Fanclubs und der Siege in Autorennen sollten wir uns aber vielleicht in Erinnerung rufen, dass der Mini ursprünglich als preisgünstiges Auto für den nicht so gutbetuchten Otto Normalverbraucher entwickelt worden war. Die Cooper waren zwar schnell, kosteten aber auch wesentlich mehr als die weniger leistungsstarken Standardmodelle. So war der Mini bei seinem Verkaufsstart 1959 mit einem Preis von nur 497 Britischen Pfund für die Grundausstattung einer der preiswertesten Kleinwagen. Der erste Mini Cooper kostete dagegen im September 1961 bei seiner Markteinführung 679 Pfund, und für den Klassiker, den Cooper S mit 1275 Kubikzentimetern Hubraum, musste man bei seiner Markteinführung 1964 mit 695 Pfund noch etwas mehr auf den Tisch legen.

Somit wundert es nicht, dass auf einen verkauften Cooper rund vierzig Standard-Minis kamen, die aber schon bald fast alle in irgendeiner Form getunt wurden – wie auch die gebrauchten Minis, die allmählich

GEGENÜBER Paddy Hopkirk war einer der ersten großen Namen im Mini-Tuning.

LINKS Janspeed hatte eine Reihe von Tuningteilen, insbesondere Auspuffanlagen, im Angebot.

auf den Markt kamen. Deshalb entwickelte sich parallel dazu eine Tuning-Industrie.

Somit gab es in den frühen 60er Jahren kaum zwei identische Minis, denn fast jeder Mini-Fahrer betrachtete sich als Individuum, selbst wenn er es nicht so auf die Spitze trieb wie die beiden Mini-Fans Sellers und Nesmith. Wer wollte, konnte also seinen Mini bequemer, auffälliger, fahrerfreundlicher und insbesondere leistungsfähiger machen.

Der Weg des Mini vom Auto für Spezialisten in den Mainstream war nicht neuartig: Jeder suchte sich die zu ihm passenden Extras aus, kaufte sie direkt von der Stange und baute sie dann selbst ein. Das ersparte den Weg mit dem Auto zum Tuning-Zauberer, und man konnte bereits für wenig Geld seinen Mini stark aufpeppen.

Es musste kein größerer Eingriff sein, denn von Werk aus hatte man beim Ursprungs-Mini kaum Wert auf Leistung ge-

OBEN Mit getunten Stoßdämpfern ließ sich das bereits überdurchschnittlich gute Fahrverhalten des Mini nochmals verbessern

legt. Ganz im Gegenteil: Vielleicht erinnern Sie sich ja noch daran, dass dessen Motorleistung während der Entwicklungsphase heruntergefahren wurde, da die Prototypen der Orangenkiste zu schnell waren.

So konnte man denn schon durch das Austauschen von ein paar äußeren Bauteilen wie Vergaser oder Auspuff eine deutliche Verbesserung erzielen. Auch der Austausch der Vergasernadel und das Anbringen eines »geraden« Auspuffrohrs mit größerem Durchmesser machte den Mini ein wenig lebhafter, und – für manche Leute genau so wichtig – seinen Sound viel sportlicher. Wer jedoch zum Innenleben des Serie-A-Motors vorstieß, dem eröffneten sich ungeahnte Möglichkeiten.

Den Motor gab es bekanntlich schon viel länger als den Mini. Da er in zahlreichen Autos, vom bescheidenen Morris Minor bis zum Monoposto der Formel Junior, verbaut war, wusste mancher Autofreak genau, wie man mehr Leistung aus ihm herausholen konnte. Und wie man im Motorrennsport zu sagen pflegt: »Geschwindigkeit kostet Geld – wie schnell willst du sein?«

Als nächstes nahm sich der Tüftler normalerweise Zylinderkopf und Ventilsteuerung vor, damit mehr Kraftstoff in und aus dem Motor gepumpt und dieser effizienter verbrannt wird. Das ließ sich erreichen, indem man die Form der Verbrennungskammern änderte, Anlass- und Auslasskanäle am Zylinderkopf weitete und glättete, das Verdichtungsverhältnis erhöhte und größere Ventile, leichtere Ventilstoßstangen sowie eine Verstelleinrichtung einbaute, mit der sich die Ventile etwas schneller öffneten und schlossen, ohne zu platzen oder sich selbst zu zerstören. All das machte den Wagen kraftvoller, und man musste dazu nicht einmal den Motor aus dem Mini ausbauen, sondern nur den Motorkopf abnehmen.

Danach konnte man sich Komplizierteren Dingen im Inneren des Zylinderblocks zuwenden: Die Nockenwelle durch etwas Dynamischeres ersetzen, das den Ventilen mehr Hub verlieh und sie länger offen hielt, die Zahnräder und die Kette austauschen, die die Nockenwelle der Kurbelwelle antrieb, um diese leichter, aber stabiler zu machen und die Motordrehzahl zu erhöhen – die andere klassische Möglichkeit, um aus einem Motor mehr Leistung herauszukitzeln. Man konnte auch leichtere, kräftigere Kolben und eine stärkere, besser ausbalancierte Kurbelwelle einbauen, oder das Gewicht des Schwungrads reduzieren, sodass der Motor reaktionsfreudiger war. Und schließlich gab es auch die Möglichkeit, das Zündsystem (ursprünglich eine einfache Bauart aus Zündspule und Verteiler) und das Schmiersystem zu verbessern, damit alles wie aus einem Guss lief – auch der kleine Ölkühler, der signalisierte, dass dieser Mini speziell war.

Und natürlich bot sich auch noch ein anderer Weg an, den Cooper eingeschlagen hatte: mit größeren Zylinderbohrungen, einem verlängerten Kolbenhub oder auch mit beidem die Motorkapazität zu erhöhen.

Wer den Motor auf die gewünschte Leistung getunt hatte, konnte sich der Sicher-

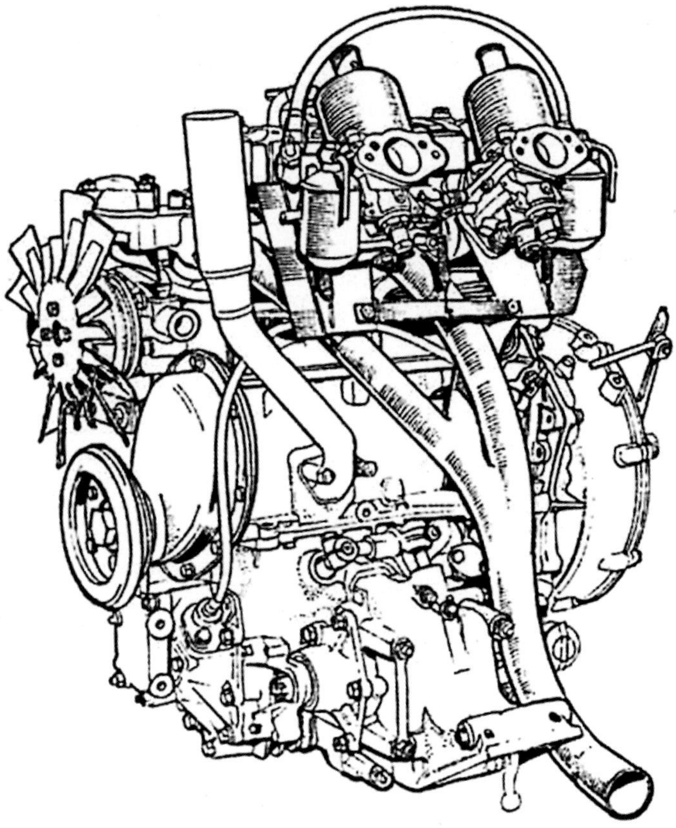

UNTEN Mitte der 60er Jahre hergestellter Rennmotor für einen Tourenwagen-Mini der Gruppe 2

RECHTS Viele Tuner warben mit Bildern von Minis aus dem Motorsport

GEGENÜBER Ein beliebtes Motor-Tuning beim Mini waren neue Doppelvergaser. Dieses Kit verwendete die von Stromberg, nicht die sonst eher üblichen SU-Vergaser

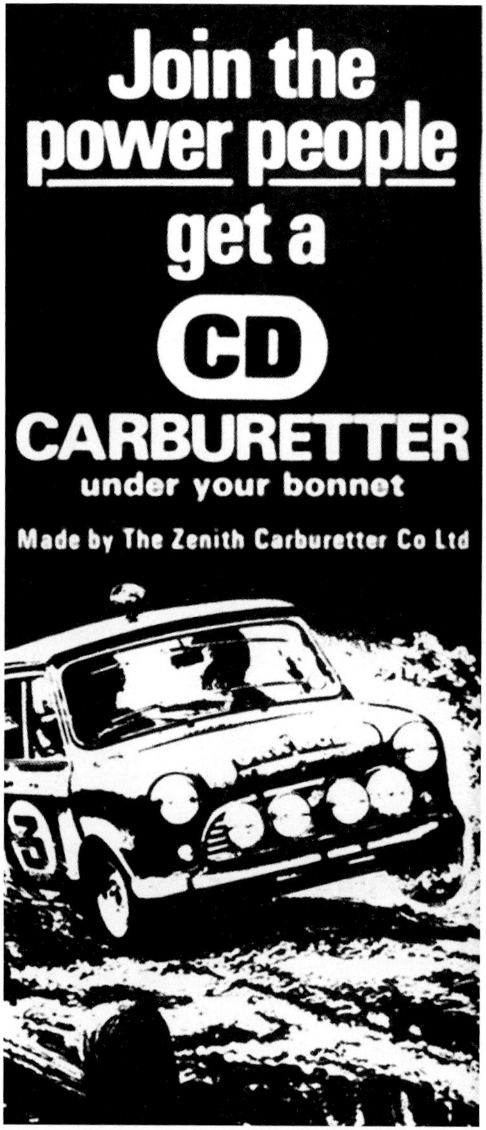

heit zuwenden: Motoraufhängung, Kupplung, Getriebe, Federung, Bremsen, Räder und Reifen, Sitze, Lenkrad, Armaturenbrett – einfach alles ließ sich verbessern.

Mit ein bisschen Abenteuergeist und einer gut ausgestatteten Werkstatt konnte man seinen Liebling auch selbst tunen, oder auch das kompliziertere Motortuning dem örtlichen Automechaniker überlassen. Außerdem existierte eine umfangreiche Literatur zum Thema. Detaillierte Tuning-Anleitungen und Artikel in Fachzeitschriften erklärten dem angehenden Selbsttuner, wie er seinem Mini mehr Geschwindigkeit, bessere Bremsen, ein griffigeres Fahrverhalten und einen volleren Sound verpasste.

Natürlich konnten dem Do-It-Yourself-Tuner auch Fehler passieren. Der eine oder andere Schrauber ruinierte mit großem Zeit- und Geldaufwand seinen wirklich nicht schlechten Mini, indem er die Leistung seines Lieblings auf Spitzenwerte trieb, die das Fahren zum Alptraum machten. Im Extremfall stand er am Ende sogar mit weniger Leistung oder einem kaputten Motor da.

Zum Glück gab es für technisch Unversierte neben dem Do-It-Yourself-Tuning und dem unkomplizierten aber kostspieligen Kauf eines sportlichen Coopers eine dritte Möglichkeit für mehr Power: Zahlreiche Spezialisten nahmen einem die ganze Arbeit ab oder verkauften modifizierte Bauteile, die selbst der wenig begabte Autodidakt sicher in seinem Mini montieren konnte.

Nach dem Verkaufsstart des Mini schossen innerhalb weniger Jahre Dutzende solcher Spezialunternehmen aus dem Boden, von denen einige früher oder später wieder von der Bildfläche verschwanden, während andere wie Broadspeed, Janspeed, Longman, Oselli, Speedwell oder Taurus sich einen guten Ruf erarbeiteten, zum Beispiel mit dem typischen »Tuning-Kit für Einsteiger«, das die meisten von ihnen in der einen oder anderen Form feilboten. Damit konnten Mängel an Vergaser und Auspuff behoben und auch der Zylinderkopf ein wenig verbessert werden, wogegen die vom Werk verbauten Ventile in ihrer Größe so belassen wurden. Nach dem Einbau des von Taurus 1963 für etwa 22 Britische Pfund angebotenen Kits erreichte der Mini die 100 km/h-Marke um beachtliche 7,5 Sekunden schneller als in unverändertem Zustand. Im Tuning-Luxussegment bot im selben Jahr Speedwell für 200 Pfund einen 1150-Kubikzentimeter-Motor mit Zylinderkopf aus einer besonderen Legierung (das Original bestand aus Gusseisen), größeren Ventilen und einem neuen Ventilmechanismus, speziellen Kolben, einer leichteren, besser tarierten Kurbelwelle und Schwungradanordnung sowie zwei größeren SU-Vergasern an. Mit diesem

Motor beschleunigte der Mini in weniger als 10,5 Sekunden von 0 auf 100 km/h und erreichte eine Höchstgeschwindigkeit von knapp 170 km/h, womit er gar die damaligen Cooper S weit hinter sich ließ – zu einem Preis von etwa einem Drittel eines komplett neuen Autos. Zum Kit gehörten außerdem neue Sitze und zusätzliche Instrumente wie ein Drehzahlmesser – das Armaturenbrett des Mini beinhaltete beim Mini sonst nicht viel mehr als den großen Tacho in der Mitte und eine Tankanzeige.

Wer dagegen maximale Leistung anstrebte und sich das leisten konnte, für den war ein kleines Dorf in Wiltshire namens Downton mit der gleichnamigen Tuningfirma unter der Leitung von Daniel Richmond genau das Richtige. Richmond hatte als Restaurator klassischer Sportwagen und Rennwagenmotorenhersteller Bekanntheit erlangt, und war durch den Rennsport eng mit Alec Issigonis und John Cooper befreundet. Kaum war der Mini 1959 geboren, machte Richmond sich auch schon

RECHTS Neue Radkastenverkleidungen gehörten schon bald zum Standard für getunte Minis

daran, ihn schneller zu machen, und nach wenigen Monaten präsentierte er bereits seine erste Tuning-Variante.

Sein Downton-Tuning genoss einen exzellenten Ruf in der Branche, und das nicht nur wegen der gesteigerten Motorleistung, sondern auch wegen der resultierenden verbesserten Abstimmung und Zuverlässigkeit, auch wenn das Auto nach dem Eingriff nur unwesentlich schneller war. Downton trug wegen seiner Motorsportverbindungen zu John Cooper nicht wenig zur Entwicklung seiner Mini Cooper bei, was gleichermaßen auch für die Werks-Rennwagen aus Abingdon gilt. Vermutlich baute Downton auch die ersten Minis mit Straßenzulassung, die über 160 km/h schnell fuhren, und beinahe ein jeder, der Karosserie und Innenleben seines Lieblings von Größen wie Radford, Hooper,

OBEN Frühe Aufnahme der Downton-Werkstatt in Wiltshire

RECHTS Nicht nur die Motoren wurden getunt: diese Anzeige wirbt für Kühlemuffen, Tachoverkleidungen, verbesserte Handschaltungen und vieles mehr

GEGENÜBER Enzo Ferrari war ein großer Mini-Fan und ein Freund von Alec Issigonis

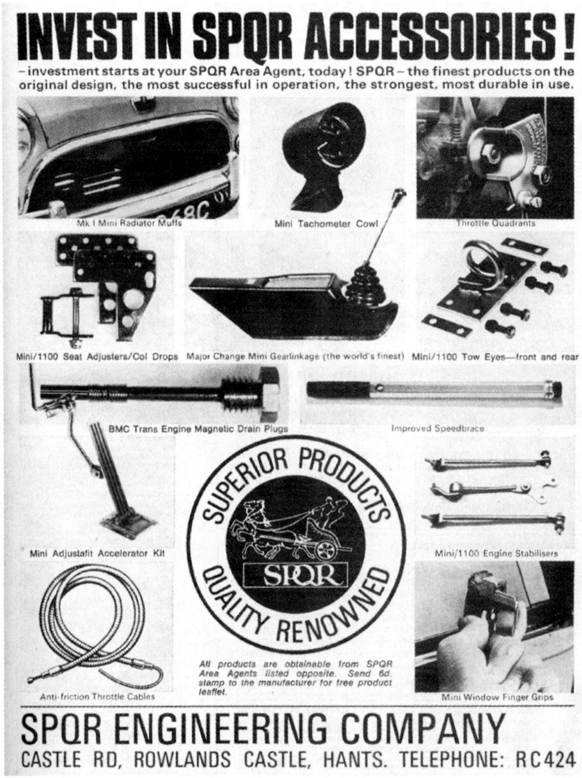

oder Wood & Pickett tunen ließ, wandte sich für die Arbeiten an der Mechanik an Downton.

Richmond stach dadurch aus den Mini-Tunern heraus, dass er eher zurückgezogen arbeitete und sich nur selten in der Öffentlichkeit zeigte. Statt zu protzen setzte er bei seinen Autos ganz im Gegensatz zu einigen seiner Kollegen – mit seltenen Ausnahmen – auf Understatement. Auch bot er keine Standardlösungen an, sondern nahm lieber individuelle Bestellungen entgegen, die er dann in der Regel persönlich ausführte. Zu Richmonds Kunden gehörten Sellers, Lord Snowdon, Steve McQueen, Aga Khan – sogar Enzo Ferrari, auch er ein Mini-Fan, denn sein Grand Prix-Rivale und Formel-1-Konstrukteur John Cooper hatte ihm den kleinen Wagen schon in dessen frühesten Tagen vorgestellt. 1959 brachten nämlich Cooper und Roy Salvadori, einer seiner Fahrer, einen Mini-Prototyp nach Monza zum italienischen Grand-Prix-Wochenende mit. Aurelio Lampredi, Chefdesigner von Ferrari, fragte, ob er ihn testfahren dürfe – und verschwand so lange samt Auto, dass es für eine Vorführung vor dem Chef gereicht haben könnte. Er kam völlig begeistert zurück und soll gesagt haben, »wenn er nicht so hässlich wäre, würde ich mich sofort erschießen.«

Ob man ihm den Mini vorgeführt hatte oder nicht, Enzo Ferrari kaufte in den nächsten drei Jahren drei Exemplare, darunter einen Wagen mit Downton-Tuning, mit dem er anscheinend herumfuhr, wenn er sich von seinem geschäftlichen Stress erholen wollte. Issigonis und er wurden mit der Zeit gute Freunde und so bot ersterer ihm ein Exemplar des neu erschienenen Automatik-Mini mit Downton-Tuning an. Ferrari lehnte das Angebot ab, aber nicht, weil er kein Interesse am Mini mehr gehabt hätte oder kein Freund von Automatikgetrieben gewesen wäre, sondern allein, weil er nicht gern mit Rechtslenkern fuhr.

Daniel Richmond aber verstarb traurigerweise schon in seinen Mittvierzigern, aber sein Wissen über Motoren, insbesondere über die des Mini, lebten in Gestalt der anderen großen Mini-Tuner weiter, die ihre Karriere alle bei Downton begonnen hatten. Dazu zählten die späteren Rennfahrer-Stars Richard Longman und Gordon Spice und auch der Gründer von Janspeed, Jan Odor. Wie Cooper verstanden sie es, den Mini zu etwas ganz Besonderem zu machen.

Kapitel 10

Der wilde Haufen

NEBEN DIESEN EHER KONVENTIONELLEN und meist sehr angesehenen Mini-Tunern gab es andere, die merkwürdigere Ansichten vertraten, was die »Verbesserung« dieses Autos betraf. Ihre Ideen zur Leistungssteigerung waren meist einfach gestrickt waren und bestanden im Einsatz größerer Motoren. Wer wollte, konnte den 1275-Kubikzentimeter-Motor gegen einen mit 1293 Kubikzentimetern austauschen, um noch in der Klasse bis 1300 Kubikzentimeter starten zu können – ein äußerst beliebtes Tuning. Und auch wenn Cooper und BMC ursprünglich aus Sicherheitsgründen eine Obergrenze für die Motorgröße von 1275 Kubikzentimetern vorsahen, brachen die Schrauber diese schon bald, indem sie die Zylinder verschoben, um ihre Bohrung vergrößern zu können, wobei nun die Kühler zwischen den Zylindern sehr klein bemessen waren, und außerdem eine spezielle, zum neuen Kolbenabstand passende Kurbelwelle eingebaut werden musste. Anschließend konnte man für einen längeren Hub die Kurbelwelle und die Höhe des Zylinderblocks abändern. Bis heute sind Minis mit einem 1400- oder 1430-Kubikzentimeter-A-Serie-Motor nichts Ungewöhnliches.

882 AUTOSPORT, DECEMBER 4, 1964

Enter the Mini-Buick

Surely the ultimate in Mini-motoring?

By ALLAN STANIFORTH

REAR VIEW of the Mini-Buick shows the twin megaphones and reversed cone exhausts (above). THE CAR betrays little from outside—only 13-in. wheels let into modified wheel arches and a pair of small louvres at the back (top, right). TRANSMISSION tunnel, switches, instruments and "long-reach" steering wheel and column (above, right). RADIATOR, fuel tank and battery join the wiper motor under a lightweight bonnet (right). Hidden beneath the fuel tank is an E-type Jaguar diff. unit mounted in the modified sub-frame.

POSSIBLY the quickest Mini in the world with 155 b.h.p. fitted neatly in the boot, was tested for the first time at Oulton Park by its creator, northern racing driver and tuner Harry Ratcliffe, recently. If there are any challengers on its speed, it is hoped to have a shattering 220 b.h.p. available out of its 3½-litre Buick V8 by the time next season begins. . . .

Designed as a serious attempt on saloon car events where a change of engine is not barred by regulations, the unit goes in so neatly that two passenger seats are still available in the back. Vitafoam, Ltd., sponsored the plan, and deputy chairman Mr. Fearnley Parker was there to see the car make its first test runs.

The Buick power unit, considerably lighter than two back-seat passengers, sits in a modified rear sub-frame, driving forward through a four-speed box and overdrive and 3 ft. prop-shaft to an E-type Jaguar diff. unit. Mini S-type drive shafts (which may later be replaced with 1100 or 1800 parts) carry drive out to S-type hubs and brakes, and Sprite 5.50 shod 13-in. wheels. These fit neatly into modified wheel arches which, except for a slight bulge in the boot lid, are virtually the only outward sign that there is anything unusual about the car.

Weight distribution has not yet been checked by weighbridge, but a six-gallon tank, radiator, battery and the heavy final drive unit are all at the front, and should help to keep things balanced.

Full instruments, including speedometer and oil temperature gauge, will keep the conductor informed. Although there is a neat stubby gear lever at the driver's hand, it may not be seriously needed, as Harry's first runs round Oulton were easily accomplished in top gear.

Current power figures are 155 b.h.p. at 4,400 r.p.m. Mods should make this 220 b.h.p. at 5,800 r.p.m. and, with an overdrive third and top, it is geared for a modest 126 m.p.h.

"By the time the season opens, I think we shall have sorted out the roadholding, and I hope it will prove some real opposition in saloon car circuit events," said Harry after the test.

LINKS Diese Rezension zu Harry Radcliffes V8-Mini erschien im Dezember 1964 in der Fachzeitung »Autosport«

GEGENÜBER In den frühen 1960er Jahren experimentierte Issigonis mit einem zweimotorigen Mini Moke

Aber der Phantasie sind keine Grenzen gesetzt. Um die Mitte der 1960er Jahre brachte der Mini-Rennfahrer und Tuner Harry Ratcliffe aus Rochdale in Lancashire einen 3,5-Liter-Buick-V8-Motor hinten in seinem Auto unter, der es aber noch immer über die Vorderräder antrieb! Mit 35 Zentimetern Durchmesser und 16,5 Zentimetern Breite waren diese deutlich größer als die üblichen 25-Zentimeter-Räder, um die 220 PS Motorleistung auch auf die Straße zu bringen. Dass die Hinterräder nicht durch größere ersetzt wurden, verlieh diesem Mini ein eher merkwürdiges Aussehen, das aber nicht annähernd so seltsam war wie das Fahrverhalten, das sogar Ratcliffe einige Angst einflößte. Außerdem fuhr er zwar auf gerader Strecke sehr schnell, kam aber auf Rundkursen nicht im Entferntesten an die herkömmlichen Rennfahrer der Klasse bis 1300 Kubikzentimeter heran.

Einige weniger extreme Tuner hatten mehr Erfolg. Die besten starteten bei Tou-

OBEN Ein zweimotoriger Mini zu Beginn der 1960er Jahre. Man beachte die Lüftungsöffnung über dem Hinterrad

renwagenrennen, bei denen keine Serienmotoren verlangt wurden, mit Vier-Zylinder-Motoren von Ford, insbesondere BDA-Motoren mit obenliegender Nockenwelle – kaum größer, aber belastbarer und leistungsstärker als die A-Serie.

Issigonis selbst experimentierte mit einer anderen Option – keinem größeren Motor, sondern zwei normal großen vorne und hinten, vorerst nicht in einem Standard-Mini, sondern im Moke einem neuen Abkömmling (siehe Kapitel 16).

Dessen Markteinführung war für 1964 geplant, und im harten britischen Winter 1963 verwandelte Issigonis einen Prototypen des Jeep-ähnlichen Moke in etwas Bemerkenswertes. Als Erstes verlagerte Issigonis den 850-Kubikzentimeter-Motor ins Heck, wo er die Hinterräder antrieb. Dann füllte er das Loch im Frontbereich mit einem 950-Kubikzentimeter-Motor zum Antrieb der Vorderräder. Sein Ziel bestand weniger darin, die Leistung zu steigern, als vielmehr einen wintertauglichen Mini mit Vierradantrieb zu kreieren. Issigonis scheint viel Freude an seiner sonderbaren Kreation gehabt zu haben.

Da er diesen auch John Cooper vorführte, nahmen sich die beiden schon bald jeder für sich vor, einen richtigen zweimotorigen Mini zu bauen. Cooper hatte seine Version zuerst fertiggestellt – mit zwei getunten Cooper-Motoren mit 81 beziehungsweise 76 PS. Je nachdem, ob man den stärkeren Motor als Front- oder Heckmotor verwendete, änderte sich das Fahrverhalten. Der Rennfahrer John Whitmore, der 1961 mit einem Mini die Gesamtwertung der britischen Tourenwagenmeisterschaft gewonnen hatte, testete das Auto in Brands Hatch und überzeugte die Motorsportabteilung, eine noch schnellere Version mit zwei von Downton getunten Motoren und rund 175 PS für das Targa-Florio-Straßenrennen zu bauen. Der Flitzer fuhr zwar, und auch noch sehr schnell, aber das Problem der Kühlung beider Motoren erwies sich als kaum lösbar, und man gab auf.

Mittlerweile hatte auch Issigonis seine Version fertiggestellt, die mit 110 PS weit weniger Leistung auf den Asphalt brachte als Coopers. Den hinteren Motor hatte er an der Stelle des Rücksitzes eingebaut, den Tank im Kofferraum, und die meisten Bauteile, so die Starterknöpfe und Messgeräte, kamen doppelt daher. Auch zwei Getriebe hatte das Auto, doch diese waren miteinander verbunden – eine der großen Herausforderungen an den Aufbau des Wagens. Der von Issigonis Mini Toucan genann-

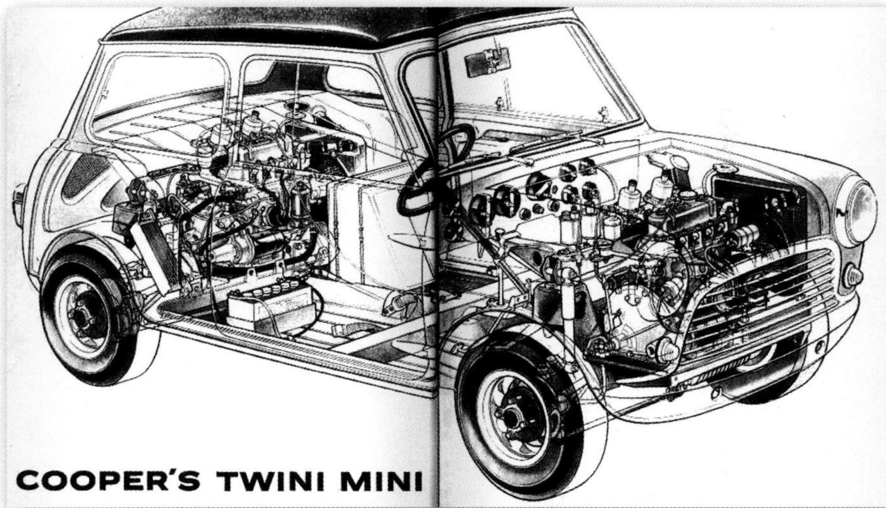

OBEN Coopers zweimotoriger Twini Mini

te kleine Flitzer erreichte eine Höchstgeschwindigkeit von 177 km/h, doch vermochte wie bei anderen Experimente sein Fahrverhalten nicht zu überzeugen. Er ließ sich aber besser fahren als Coopers Twini Mini, der ihn bei einem schweren Unfall in der Nähe seiner Werkstatt in Surrey beinahe das Leben gekostet hätte. Das Auto war offenbar nach Versagen beider Motoren von der Straße abgekommen. Als Cooper um sein Leben kämpfte, verboten die BMC-Chefs weitere solche Experimente.

Kurioserweise war ein privater Schrauber, der Rennfahrer Paul Emery, der Umsetzung der Idee vielleicht näher gekommen als Cooper und Issigonis. Coopers Rivale aus der Anfangszeit der Formel 3 bis 500 Kubikzentimeter baute einen zweimotorigen Mini, dessen Front er im Ausgangszustand beließ, während er im Heck einen kompletten Mini-Motor sowie einen Fahrschemel mit starrer Spurstange montierte. Außerdem entwickelte Emery miteinander verbundene Gangschaltungen und plante den Bau von Renn-, Straßen- und Sportwagen mit Spezialkarosserie, doch ihm fehlten die Geldmittel und Ressourcen für die Umsetzung seiner Ideen als Serienproduktion. Die Experimente mit zweimotorigen Minis sind ein sichtbarer Beweis für die Faszination dieses Autos.

Auch zukünftige Weltmeister, die noch am Anfang ihrer Karriere standen, erlagen dieser Faszination. So der in einem eher wohlhabenden Elternhaus aufgewachsene James Hunt, der wegen mangelnder Leistungen von der Universität flog und Rennfahrer werden wollte. Er verfügte zwar kaum über eigene Mittel, baute aber mit dem Geld, das er sich als Nachtportier in einem Krankenhaus, Regalauffüller im Supermarkt und Lastwagenfahrer verdiente, in der Familiengarage seinen eigenen Renn-Mini.

Als er in Snetterton sein erstes Rennen bestreiten wollte, wurde ihm die Startgenehmigung verweigert, weil sein Wagen keine Windschutzscheibe hatte. Und irgendwie kam sein Mini auch nie wirklich so richtig in Fahrt, aber als er ihn verkaufte, hatte er einen beträchtlichen Teil der Anzahlung für den Formel-Ford-Rennwagen zusammen, mit dem er durchstartete.

Auch Niki Lauda, in den 1970er Jahren Hunts Erzrivale in der Formel 1, fuhr einst mit seinem eigenen Mini Rennen. Zuvor VW-Käfer-Fahrer, unternahm er eines Nachts in Wien eine Probefahrt mit einem Mini, verlor aber an einer vereisten Stelle die Kontrolle über das Auto, das beim folgenden Unfall einigen Schaden davontrug. Es stand zwar zum Verkauf, aber der Inhaber, der Vater des Jungen, der Lauda die Probefahrt vorgeschlagen hatte, wusste nicht, dass sie es sich geliehen hatten. Um den Besitzer nicht über dieses Malheur informieren zu müssen, ging Lauda zu seiner wohlhabenden Großmutter, weckte sie und lieh sich von ihr das Geld zum Kauf des 1275-Kubikzentimeter-Cooper S. Mit dem Geld, das er für seinen letzten Käfer erhielt, machte er den Mini wieder zurecht und tauschte ihn mit seinem österreichischen Rennfahrerkollegen Fritz Baumgartner gegen einen Cooper S ohne Motor. Er besorgte sich einen Motor, versprach seinen Eltern, er werde keine Rennen fahren, meldete aber im April 1964 den Wagen für sein erstes Rennen an, bei dem er als Zweiter ins Ziel kam.

Als die Eltern davon erfuhren, verboten sie ihm erneut, bei Rennen zu starten. Schon bald aber fanden sie heraus, dass er mit dem Mini nur ein paar Wochen später bei einem lokalen Bergrennen angetreten war und in seiner Klasse gewonnen hatte. Sein Vater war äußerst aufgebracht, Niki zog aus, und es folgte eine lange Eiszeit zwischen Vater und Sohn. Auch wenn Niki Lauda später von Mini auf Porsche umstieg, hatte so ein weiterer zukünftiger Weltmeister seine Karriere in Issigonis' kleinem Meisterwerk begonnen.

GEGENÜBER In den frühen 1960er Jahren fuhr Niki Lauda mit einem Mini Rennen

Kapitel 11

Rallye!

DIE KARRIERE DES MINI AUF DER Rennstrecke war zwar von Erfolgen gekrönt, aber einige seiner legendärsten Siege im Motorsport feierte er in einer Disziplin, die man einem so kleinen Auto eigentlich nicht zugetraut hätte: in der Rallye.

Wahrscheinlich verhalf John Handley, ein späterer Rennfahrer, dem Mini zu seinem ersten Auftritt im Motorsport, nachdem er dem lokalen Autohändler am Tag der Markteinführung das Präsentationsexemplar abgekauft hatte. Er nahm es mit zu einem Treffen des örtlichen Motorsportvereins und erzählte den Kollegen zu ihrer großen Belustigung, er wolle damit bei einer Rallye an den Start gehen – was er denn auch tat: Nach ein paar Wochen nahm Handley mit dem Mini an der Worcestershire Rallye teil, und schlug sich achtsam.

Um die gleiche Zeit traten bei einer anderen kleinen Rallye in Lancashire Pat Moss, die Schwester des Rennfahrers Stirling Moss, und Stuart Turner, der schon

OBEN Paddy Hopkirks Cooper S bei der Rallye Monte Carlo 1964

GEGENÜBER Toolly Wisdoms Mini 850 bei der Rallye Monte Carlo 1960

bald zum äußerst erfolgreichen Manager des Mini-Werksteams werden sollte, mit einem Mini in Erscheinung. Beide beschwerten sich allerdings, das Auto sei zu langsam und zu unbequem.

Doch schon im September 1959, kaum einen Monat nach der Markteinführung des Mini, ließ die Motorsportabteilung von BMC in Abingdon erkennen, dass man über eine Rolle des Mini im Rallye-Zirkus neben den eigenen großen Wagen wie dem Austin Healey nachdachte, indem man ihn zum ersten Mal bei einem internationalen Rennen starten ließ: Bei der Wikinger-Rallye in Norwegen trat der damalige BMC-Rennsport-Direktor Marcus Chamber mit einem beinahe unveränderten Mini-Serienwagen, einem der ersten je gebauten Minis, an. Vermutlich wollte er nur Pat Moss im Austin A40 unterstützen, kam aber bei katastrophalen Rennbedingungen als Fünfter ins Ziel. Ein hervorragender

OBEN Paddy Hopkirk bei einem eher chaotisch anmutenden Tankstop während der Monte 1964

Auftritt, der zu einer Neueinschätzung des Mini und seines Potenzials führte.

Im November hatten die Minis bei der Rallye des RAC (Royal Automobile Club) einen größeren internationalen Aufritt, als sie gleich zu dritt antraten und auf Sieg fuhren, statt wie zuvor einen anderen Fahrer zu unterstützten. Das Ergebnis war nicht besonders vielversprechend: Als das Rennen aufgrund des Winterwetters im Chaos endete, waren alle drei Minis schon ausgeschieden, denn Öl war auf die Kupplungen ausgelaufen. Nur wenige Monate nach Verkaufsstart nahm der Mini jedoch bereits regelmäßig an Rallyes teil, und Nancy Mitchell und Peter Riley beendeten die Saison im Dezember bei der Rallye Portugal als 54. und 64. in der Gesamtwertung. Nun konnten sie sich auf die größte Prüfung vorbereiten.

Diese bestand im erstmaligen Start bei der Rallye Monte Carlo, der bekanntesten von allen, im Januar 1960. Und der Mini griff gleich en Masse an – mit nicht weniger als sechs Werks- und sechs privaten Wagen. Von den wie damals üblich sowohl männlichen als auch weiblichen Crews schafften es nur die von Peter Riley, Don Morley, Tommy Wisdom und Alec Pitts bis ins Ziel und belegten Rang 23, 33, 55 und 73.

Doch schon im April siegte der Mini bei der Rallye Genf zum ersten Mal in der internationalen Klasse – und das gleich doppelt durch Morley und Patricia ›Tish‹

Ozanne. Im Mai 1962 gewann mit Pat Moss eine weitere Fahrerin bei der Tulpenrallye in Holland in einem neuen 997-Kubikzentimeter-Mini Cooper den ersten Titel in der Gesamtwertung für den Mini.

Genau wie auf der Rennstrecke schlug er die großen Rallye-Autos mit seiner einzigartigen Kombination von Eigenschaften – eine geringere Leistung als der Big Healey, aber auch ein geringeres Gewicht, und dazu ein absolut erstaunliches Fahrverhalten. Und John Cooper verpasste dem Mini auch mehr Leistung.

Die Leute in Abingdon bauten 1962 und in der ersten Hälfte 1963 auf den 997-Kubikzentimeter-Cooper und wechselten dann zum Cooper S mit 1071 Kubikzentimetern Hubraum, der schnell genug war,

UNTEN Der Mini war ein perfektes Rallye-Auto

um im Kampf um die Gesamtwertung, nicht nur um einzelne Klassensiege, mitreden zu können. Aber niemand hätte vom darauffolgenden Sieg auch nur zu träumen gewagt.

1964 gehörte die Rallye Monte Carlo zu den nicht zu verpassenden Terminen im Motorsport-Kalender und sorgte stets für Schlagzeilen. In ihrer Blütezeit war die Monte sogar wichtiger als die Formel-1, Indianapolis oder Le Mans – und sicherlich auch glamouröser, allein schon wegen der magischen Kulisse des Showdown im märchenhaften Monte Carlo. Mitten im Winter brachen mehrere hundert Crews mit einer bunt gemischten Schar von Ve-

UNTEN Der Mini mit Frontantrieb war wie geschaffen für die Bergabschnitte der Rallye Monte Carlo

OBEN Der finnische Rallye-Fahrer Timo Mäkinen hebt mit seinem Mini ab

hikeln aus ganz Europa nach Reims, dem Startpunkt der Rallye, auf. Einige Teams hatten sich professionell auf das harte Rennen vorbereitet, andere waren mit nicht viel mehr als Landkarten und einer Thermoskanne mit Kaffee ausgestattet. Was nun folgte, waren ein paar Tages- und Nachtetappen in den vereisten Bergen über dem Fürstentum und ein Finaltag, an dem sie auf dem berühmten Formel-1-Stadtkurs von Monaco der Ziellinie entgegenrasten.

Der Mini-Fahrer Paddy Hopkirk und sein Copilot Henry Liddon entschieden sich für die harte Tour und starteten in Minsk, damals weit hinter dem Eisernen Vorhang. Die Chefs bei BMC dachten sich wohl, eine lange Fahrt von der Sowjetunion bis an die Côte d'Azur im Januar sei eine sehr gute Werbemaßnahme für den Mini – damals wie heute das eigentliche Ziel der Übung. Nicht einmal durch die frostigen Temperaturen in Minsk von –26 °C ließen sie sich abschrecken, auch wenn man die meisten Autos anschleppen musste. Fortan fuhren sie – wenn sie diese denn im Schnee auch fanden – auf Straßen, die normalerweise weit mehr Traktoren und Panzer als Rallyeautos sahen. Und sie hatten mit für sie unlesbaren kyrillischen Verkehrsschildern, kaum vorhandenem Tageslicht, schlechter Kartenqualität und enormer Bürokratie an den Grenzübergängen zu kämpfen – auch wenn die Gastgeber sie beim Treffen vor dem Start sehr freundlich empfangen hatten. Und vor noch jemandem mussten sie stets auf der Hut sein: man observierte sie!

RECHTS Timo Mäkinen (rechts) und sein Copilot Paul Easter mit ihrem Pokal nach dem Gewinn der Monte 1965

So erlebte Hopkirk seine erste brenzlige Situation noch auf sowjetischem Staatsgebiet: Als er falsch abbog und daraufhin auf der nicht verzeichneten Straße den Wagen abrupt um 180-Grad wendete, entdeckte er im Schnee vor ihnen einen Mann mit Pelzmütze und Maschinenpistole im Anschlag …

Zum zweiten Mal wurden sie erst mitten in Frankreich angehalten – von einem Gendarmen und keinem Soldaten. Sie fuhren in flottem Tempo in falscher Richtung durch eine städtische Einbahnstraße. Bei der Monte bedeuteten Strafen im Straßenverkehr damals Zeitstrafen, ein großes Vergehen wie dieses eventuell gar die Disqualifikation. Als der Gendarm die Crew um das offizielle Rallye-Logbuch bat, um das Vergehen dort festzuhalten, erklärte Hopkirk, sie seien so schnell in die falsche Richtung gefahren, weil er gerade die Nachricht vom Tod seiner Mutter erhalten habe. Er

OBEN Nach der Disqualifikation von der Rallye Monte Carlo 1966 fährt Timo Mäkinen mit seinem Mini durch die Eingangstür des Aerial Hotel in London

habe zu ihrer Beerdigung zu Hause sein wollen, deshalb seien sie auch aus der Rallye ausgestiegen. Das ging schließlich in Ordnung, und natürlich war auch Frau Hopkirk wohlauf.

Sie kamen ohne Strafen in Reims an und genossen den Champagner und das Essen bei einem Empfang. Auf der 1400 Kilometer langen Strecke nach Monte Carlo waren am nächsten Tag fünf Wertungsprüfungen mit einer Gesamtlänge von rund 132 Kilometern zu absolvieren, darunter der 23 Kilometer lange Bergpass Col de Turini als letzte Prüfung vor dem Finale.

Die Rallye wurde zum Kopf-an-Kopf-Rennen zwischen den neuen 1071-Kubikzentimeter Cooper S mit Frontantrieb und den großen 4,7-Liter Ford Falcon mit Heckantrieb – David gegen Goliath. Letzterer gewann das Wiegen vor dem Rennen und alle Eröffnungsrunden, denn Bo Ljungfeldt erzielte mit seinem Falcon bei jeder Wertung die Bestzeit. Selbst Teamkollegen wie der Formel-1-Weltmeister Graham Hill blickten ehrfürchtig zu ihm auf. Später erzählte Hill, er sei einmal hinter Bo hergefahren und habe beobachtet, wie er andere Autos überholte, indem er den Falcon den Hang neben der Straße hinaufjagte und wieder zurück auf die Strecke fallen ließ. »Ich habe ihn immer wieder dabei beobachtet«, sagte Hill, »und ich glaube es immer noch nicht…«.

Doch Paddy und Henry boten dem fliegenden Falken Paroli. Stets fuhren sie kurz hinter ihm und Eric Carlsson in seinem spektakulären Saab, konnten dank eines ausgeklügelten Handicap-Systems in den Straßen von Monte Carlo ihren Rückstand auf die Spitze wettmachen und siegten schließlich knapp nach Punkten. Später erzählte Paddy, ein französischer Reporter habe ihm den Sieg mitgeteilt, und er habe erst nicht gewusst, ob er ihm glauben sollte. Erst als Prinzessin Gracia Patricia ihnen den größten aller Pokale überreicht habe, sei er sich dessen voll bewusst geworden. Mini gewann dank Timo Mäkinen und Rauno Aaltonen auch die Team-Wertung. Danach wurden Hopkirk, Liddon und das Siegerauto 33 EJB schleunigst zurück nach London gebracht, um sie im London Palladium auf der Bühne der Sunday Night Show zu präsentieren. Der erste Sieg eines Mini bei der Rallye Monte Carlo war etwas Großartiges, aber nur der Anfang.

1965 gewann der Mini dank des finnischen Stars Mäkinen im Schneegestöber erneut bei der Monte. Und 1967 lieferte Aaltonen sich eine großartige Schlacht mit Ove Anderson in seinem Lancia und sorgte für einen dritten Monte-Sieg.

1966 wurden die Minis von der französischen Rennleitung um den Sieg gebracht, als diese sich auf ein Detail in den überarbeiteten Regeln berief und die auf den ersten drei Plätzen liegenden britischen Flitzer disqualifizierte. Da sie keine anderen technischen Zuwiderhandlungen finden konnte, argumentierte sie, die Kombination aus Front- und Suchscheinwerfer verletzte die Richtlinien, und schloss die drei Wagen nachträglich vom Rennen aus – genau so wie sämtliche britischen Ford Cortina, sodass ein französischer Citroën zum Sieger gekürt wurde.

Aber so überzeugend die Vorstellung des Mini bei der Monte 1966 auch gewesen sein mag, der nachfolgende Sieg 1967 war sein Meisterwerk, denn als Konkurrenten ging bereits die neue Generation von leistungsstärkeren Sportwagen an den Start. Das letzte bemerkenswerte Ergebnis des Mini bestand 1970 in einer knappen Niederlage, als Hopkirk bei der Rallye Schottland mit nur einer Sekunde Rückstand ins Ziel kam. Danach starteten keine Mini-Werkswagen mehr bei Rallyes, wenn auch private Teilnehmer die Fahne noch für eine ganze Weile hochhielten. So oder so war es eine spektakuläre Karriere für ein so kleines Auto.

GEGENÜBER Rauno Aaltonen und Tony Ambrose nach dem Gewinn der RAC Rallye 1965

Kapitel 12

Zurück auf die Straße

BEI ALL DEM GESELLSCHAFTLICHEN UND sportlichen Trubel verliert man gern aus den Augen, dass auch die Entwicklung des schlichten Mini für die Straße nicht stehen blieb. Die Modellpalette wurde immer vielfältiger, mit ein paar Schmankerl hier und ein wenig mehr Komfort da. Dadurch büßte der Mini aber auch ein Stück seiner Einfachheit ein, was nicht überall gut ankam.

Als um die Mitte der 1960er Jahre der millionste Mini vom Band lief, waren die »Swinging Sixties« gerade in voller Fahrt. Die britische Wirtschaft stand, wenn auch nur vorübergehend, wesentlich besser da als bei der Markteinführung des Mini Ende der 1950er, und auch die Gesellschaft hatte sich verändert. Zwar herrschte bei der älteren Bevölkerung der Mittel- und Oberschicht der altbekannte Konservatismus vor, doch boomte zugleich auch eine neue Jugendkultur, deren Markenzeichen psychedelische Musik und die Mode der Carnaby Street waren. Die Pille, das Ende der Wehrpflicht und eine Blüte des modernen Theaters mit Stücken wie *Samstagnacht und Sonntagmorgen*, *Billy der Lügner* oder *Blick zurück im Zorn* vermittelten ein neues Gefühl von Freiheit, Abenteuerlust und Toleranz. Der Mini hatte seinen Platz im

Herzen der Szene nicht verloren und außerdem mit dem ersten völlig neuen Modell gerade Zuwachs bekommen: Im September 1960 brachten Austin und Morris den ersten Mini-Kombi unter dem Namen Mini Countryman beziehungsweise Mini Traveller auf den Markt. Bei beiden Versionen handelte es sich um einen klassischen Kombi, kleiner, aber mit dem traditionellen Teilfachwerk an den Seiten.

Der Mini war ein Spiegel der euphorischen wirtschaftlichen Grundstimmung, und so präsentierten sich die nun folgenden Modelle im Gegensatz zum minimalistischen Original immer luxuriöser.

Mit dem ersten Cooper 1961 hielt mehr Leistung Einzug beim Mini, doch nun wandelte er sich auch in andere Richtungen. Erste Anzeichen, dass er zum Sturm auf die gehobene Preisklasse ansetzte,

LINKS Zur Mitte der 1960er Jahre herrschte in Großbritannien eine wirtschaftliche Blütezeit und Carnaby Street gab in Sachen Mode und Musik den Ton an

UNTEN 1960 erschien der Morris Mini Traveller – noch praxistauglicher und mit eigenem Stil.

OBEN Der Riley Elf war ein Mini für gehobene Ansprüche mit luxuriösem Interieur, neuem Kühlergrill und größerem Kofferraum

konnte man im September 1961 bei den Super-Versionen erkennen. Zu Tachometer und Tankanzeige des Ursprungmodells waren Öl-und Wasserstandsanzeiger gekommen, und statt des markanten Startknopfs am Boden verfügte der Super über einen Startmechanismus mit Zündschlüssel. Noch deutlicher auf komfortorientiertere Kunden zurechtgeschnitten waren die einen Monat später eingeführten Modelle Wolseley Hornet und Riley Elf, verkleidete Minis mit falschem Kühlergrill und extra Kofferraum, in dem man zwar etwas mehr Gepäck verstauen konnte, der aber das schlichte Erscheinungsbild nach der Devise Funktion vor Form zunichte machte.

In einer Zeit der jugenddominierten Kultur verabschiedete man sich 1962 vom altmodischen Namen »Austin Seven« und nannte die Austin-Version fortan Austin-Mini. Neben der Namensänderung trug man mit dem Ersatz der Versionen De Luxe

OBEN Der Wolseley Hornet sollte dem Mini zu mehr Prestige verhelfen

und Super durch den Austin Mini Super de Luxe auch den neuen Komfortansprüchen Rechnung. Gleichzeitig lösten Mk II-Versionen mit Einzelvergaser und größerem 998-Kubikzentimeter-Motor, der, nur mit Doppelvergaser, ab 1964 auch im Cooper zum Einsatz kam, die deutlich schwereren Modelle Riley und Elf ab.

Bemerkenswert am immer solideren Mini war auch sein Preis: 1962 kostete er – absolut, nicht inflationsbereinigt! – weniger als bei seiner Einführung. Doch nicht etwa günstigere Herstellungskosten, sondern eine Steuersenkung im April ließen den Preis für die Grundausstattung von 526 auf knapp 496 Britische Pfund fallen. Und die Preiszerfallsspirale drehte sich weiter, denn zur Ankurbelung der Wirtschaft und zur Eindämmung der Importe wurde im November die Verbrauchssteuer auf Autos halbiert, und der Preis des Mini sank erneut.

OBEN Mit diversen Stylings des Innenraums versuchte man den Clubman für die gehobene Käuferschicht attraktiver zu machen

An dieser Stelle sollte etwas nicht unerwähnt bleiben, das seltsam anmuten mag: Die Hersteller des Mini hatten offenbar keine Ahnung davon, wieviel das Auto eigentlich kosten sollte. Sie kamen zwar kaum nach mit der Produktion, denn die Minis verkauften sich wie warme Semmeln, erwirtschafteten aber kaum Gewinn. Der Mini war in der Tat zu preiswert. Als kleines Auto kostete er zwar wenig, kam aber als technisch komplexes Fahrzeug in der Herstellung viel teurer zu stehen als die Konkurrenten vom Typ des neuen Ford Anglia. Das Problem bestand darin, dass BMC den Preis festlegte und dabei die Preise der direkten Konkurrenz nicht stark über- oder gar unterschreiten wollte. Das hätte möglicherweise für sehr ähnliche Autos wie den Minor und den Popular funktioniert, nicht aber bei deutlich höheren Produktionskosten des einen Modells wie im Falle des Mini.

Kaum war der Mini auf dem Markt, erwarb auch schon Ford ein Exemplar, wohl um zu prüfen, ob man eine Antwort auf dessen Erscheinen parat hatte. Bei Ford nahm man den Mini auseinander – löste die letzte Mutter und Schraube, trennte gar sämtliche Punktschweißungen am Chassis auf – und berechnete seinen Preis aus den Kosten der einzelnen Bauteile und sämtlicher Produktionsschritte. Man kam zum Schluss, dass selbst bei einem erheblichen Produktionsvolumen, wie es der Mini schließlich erreichte, Ford ihn nie für den von BMC festgelegten Preis hätte bauen können. BMC, so die Berechnungen, machte bei jedem für 497 Britische Pfund verkauften Mini 30 Pfund Verlust.

Fords Preisstruktur gründete dagegen auf exakter Kalkulation der minimalen Material- und Herstellungskosten, die unter Hinzurechnung einer gewissen Gewinnmarge den Verkaufspreis ergaben. BMC indessen beteuerte stets, dass der Mini bei Anwendung seiner eigenen Buchhaltungsmethoden und aufgrund des Verteilungsmechanismus der Gemeinkosten des Unternehmens zu jeder Zeit rentabel war. Wer recht hatte, war kaum zu ermitteln.

Wie dem auch sei, in den frühen 1960er Jahren zeichnete sich klar ab, dass der Mini nicht wieder von der Bildfläche verschwinden würde. Die Cooper mit 970, 1071 und 1275 Kubikzentimetern Hubraum eroberten den Markt, als die 60er Jahre gerade richtig in Schwung kamen: Die Beatles

OBEN Der Mini Clubman Kombi war ein Nachfolger des Traveller, aber kaum jemand ließ sich durch das aufgeklebte Holzimitat täuschen

OBEN Der Mini Clubman mit seiner langen, rechteckigen Front aus dem Jahr 1969 war ein Versuch, die Erscheinung des Mini auf den neusten Stand zu bringen

nahmen ihr erstes Album »Please Please Me« auf, Präsident John F. Kennedy wurde ermordet und Christine Keeler und die Profumo-Affäre drohten die britische Regierung zu Fall zu bringen. Doch nicht Skandale, sondern die miserable Wirtschaftslage wurden den Tories schließlich im Oktober 1964 zum Verhängnis. Harold Wilson zog als britischer Premierminister in Downing Street 10 ein, und seine Labourregierung erhöhte die Steuern in Verbindung mit ihrem ersten Haushaltsentwurf einen Monat später, um die Talfahrt des Britischen Pfundes aufzuhalten.

Im Mai 1965 erschien ein neues Mini-Modell für eine völlig andere Art von Fahrern: der Mini mit Automatikgetriebe. 1966 gewann England die Fußball-Weltmeisterschaft, in ganz Großbritannien galt von nun an auf Autobahnen eine Höchstgeschwindigkeit von 70 Meilen, sprich 112 Kilometern pro Stunde, Löhne und Preise wurden eingefroren und Kreditbeschränkungen eingeführt, um Inflation und Arbeitslosigkeit wieder in den Griff zu bekommen. Dennoch verkaufte sich der Mini nach wie vor ausgesprochen gut.

Auch in der Automobilindustrie darf man nicht stehen bleiben, und so kam schon bald eine ganze Palette stark überarbeiteter Modelle auf den Markt. 1967, als die jährliche Miniproduktion fast eine Viertelmillion betrug, erschien der Mini Mk II (beziehungsweise der Elf oder Hornet Mk III). Der Mk II setzte den Entwicklungstrend hin zur gehobenen Preisklasse fort. Er besaß eine größere Heckscheibe, um die Sicht nach hinten zu verbessern, einen größeren Kühlergrill und neue Embleme, bessere Sitze und eine neue Innenausstattung – allerdings auf Kosten des Stauraums – und größere, besser sichtbare Rücklichter, die zudem moderner wirkten. Auch vom einfachen Mini erschienen größere Versionen unter der Bezeichnung Mini 1000 Super de Luxe, so eine Limousine und ein Kombi, aber auch Liefer- und Pritschenwagen mit 998 Kubikzentimeter-Motor. Die wichtigste Neuerung bestand allerdings darin, dass der Cooper als erster Mini ein Synchromesh-Getriebe besaß, das ein Jahr später auch in den anderen Minis verbaut wurde.

Auf internationaler Ebene deutete vieles auf die Art von Problemen hin, die zur Geburt des Mini geführt hatten: Eine Ölkrise drohte, ausgelöst durch einen neuen Konflikt im Nahen Osten, den Sechstagekrieg.

UNTEN Auch der Beatle George Harrison liebte Minis

OBEN Der 1275 GT ersetzte den Cooper, doch es mangelte ihm an Dynamik

Wieder ging in Europa die Angst vor einer Gefährdung der Öl- und Treibstoffversorgung um, und so stand das kleine Auto schon bald aufs Neue im Zentrum des Interesses. Auch Großbritannien kämpfte mit ernsthaften wirtschaftlichen Problemen, die im November 1967 zur Abwertung des Britischen Pfunds um 14,3 Prozent führten – mit dem Ergebnis, dass die Importe teurer wurden und der Benzinpreis in die Höhe schoss.

Der Frühjahrshaushalt 1968 brachte erneute Steuererhöhungen, auch beim Benzin, aber wie die anderen Kleinwagen war der Mini gut aufgestellt, um die Krise zu überdauern, ja vielleicht gar Kapital daraus zu schlagen. Die Mini-Verkaufszahlen stiegen weiter an, und erreichten von 1968 bis 1971 alljährlich neue Rekordhöhen. Auch seine Gentrifizierung und seinen Wandel weg von der Reinheit des Issigonis-Originals setzte der Mini fort. Bei den Fahrern stießen das neue Synchrongetriebe, die Türgriffe statt der original Zugschnüre, und die Kurbelfenster anstelle der originalen Schiebefenster auf positives Echo, aber diese Verbesserungen ließen sich nur auf Kosten des Stauraum im Inneren umsetzen – zum Beispiel verzichtete man auf die großen Taschen in den Türen. Sogar ein Styling-Markenzeichen des Mini wurde geopfert, als man die äußeren Türscharniere durch in der Karosserie versenkte ersetzte, was den Mini vielleicht konventioneller aussehen ließ, aber kaum besser machte.

1969 ging es mit dem Mini Clubman und dessen langnasiger Front in Sachen kosmetischer Veränderungen noch einen Schritt weiter – manche würden sagen, einen Schritt zu viel: größere Sitze, ein mehr oder weniger durchgängiges Armaturenbrett und weitere dekorative Elemente führten aber auch diesmal zum Verlust von Platz im Innenraum. Der Mini 1000 ersetzte den Mk II Super de Luxe, und in der törichten Annahme, eine preisgünstige Alternative zu den Cooper-Modellen anbieten zu können, brachte der Minihersteller British Leyland (BL) den Clubman 1275 GT mit langer Nase, Stahlrädern von Rostyle, die aus einer für Sportwagen typischen Legierung gefertigt zu sein schienen, sowie einem nicht gerade leistungsstarken 1275-Kubikzentimeter-Motor mit Einzelvergaser auf den Markt.

Mit nur 60 statt der 76 PS der Vorgängerversion war der 1275 GT nicht so sportlich, wie man hätte glauben können, dafür deutlich preisgünstiger zu produzieren als ein Cooper – außerdem konnte sich BL auch die Abgabe der 2 Pfund sparen, die John Cooper für die Verwendung seines Namens erhielt. Im Juli 1971 besiegelte der neue BL-Chef Donald Stokes das Aus für den Deal mit Cooper, und der Mini Cooper war (fürs Erste) Geschichte – ein guter Beweis dafür, wie wenig das neue Management davon verstand, was der Markt wirklich wollte.

Kapitel 13

In die Zukunft

ALEC ISSIGONIS WURDE IM AUGUST 1969 zum Ritter geschlagen, genau ein Jahrzehnt nachdem sein großartigstes Werk das Licht der Welt erblickt hatte, und fuhr in einem Mini Cooper zum Buckingham Palace. Die meisten anderen Nachrichten zum Mini aber waren weniger positiv. Die 1970er Jahre begannen in Großbritannien so, wie die 60er geendet hatten: Mit politischen Turbulenzen und einer andauernden Wirtschaftskrise. Außerdem beruhigte sich auch die Lage im Nahen Osten kaum, was die weltweite Ölversorgung gefährdete und mit steigenden Benzinpreisen verbunden war.

Dennoch rollte 1969 der Zweimillionste Mini vom Band und 1972 der Dreimillionste – ein Indiz dafür, wie gut er sich fast 13 Jahre lang gehalten hatte. In dieser Zeit wäre fast jedes andere Auto längst von einem »moderneren« oder für den launenhaften Markt attraktiveren Nachfolgemodell abgelöst worden. Man könnte einwerfen, der Erfolg des Mini sei zumindest teilweise seinem niedrigen Preis zu verdanken, denn er war nie günstiger als in den frühen 70er Jahren. So betrug der Preis eines Mini in der Grundausstattung 1973,

LINKS Etliche Sonderausgaben hauchten dem Mini neues Leben ein. Hier sind die Versionen Flame, Rose, Sky und Racing von 1988 zu sehen.

wenn man ihn nach Kaufkraft auf 1959 zurückrechnete, nur 370 statt der damals als Einführungspreis verlangten 497 Britischen Pfund. Aber wie auch immer der Mini es geschafft hatte, weit über die normale Modell-Lebensdauer hinaus zu bestehen, er stand noch immer am Anfang.

Die Jahresproduktion hatte allerdings ihren Höhepunkt bereits überschritten, als der dreimillionste Mini vom Band lief, und auch wenn er in nur wenig veränderter Form noch für beinahe dreißig Jahre erhältlich war, erreichte er die Verkaufszahlen der ersten 13 Jahre nie wieder.

Ein Vorteil der weiteren Produktion bestand darin, dass neue Versionen keine größeren Kosten verursachten, sondern nur die für eine kleine Auffrischung üblichen. So stellte der Mini zwar keine Rekorde mehr auf, verkaufte sich aber weiterhin so gut, dass seine Produktion sich lohnte.

Damit trat der Mini allerdings auf der Stelle. Die Zeit, in der man ihn für schick hielt, war vorbei. Wer sich ein Auto mit Stil zulegen wollte, entschied sich für ein größeres wie den neuen Range Rover und nicht für einen Winzling wie den alten Mini. Die Neuigkeiten aus der Mini-Welt beschränkten sich also auf sogenannte »Sonderausgaben« und Modelle, die strengeren Auflagen genügten.

Fairerweise muss man sagen, dass der Herstellerkonzern die Technik des Mini nach Produktionsstart neuer Modelle stets erneuerte und notwendige Verbesserungen laufend vornahm: Fehleranfällige Bauteile wie Getriebe und Antriebswellengelenke wurden verbessert, 1973 die Dynamos

OBEN Die Sonderausgaben hielten den Mini bis in die 1990er Jahre über Wasser. Das hier ist ein Rover Mini Tahiti von 1993

durch eine Lichtmaschine ersetzt, Gurte mit Aufrollautomatik eingebaut. Den 1275 GT konnte man ab 1972 gar mit beschichteter Frontscheibe und auch Dunlop Denovo Notlaufreifen (auf 30-Zentimeter-Rädern) kaufen. Außerdem schraubte man an Details herum, um den Mini »aktuell« zu halten – und damit er luxuriöser wirkte. So wurden die 1970er Jahre zum Jahrzehnt der gestreiften Sitze, der getönten Scheiben, der neuen Kühlergrills, der Stoßstangen und Radkastenerweiterungen, der abschließbaren Tankdeckel und der Rückleuchten. Und 1974 gehörte schon beim 850-Kubikzentimeter-Mini eine Heizung zur Grundausstattung.

Die britische Wirtschaft war noch immer in einem desolaten Zustand und es kam zu Arbeiterunruhen, der Einführung der 3-Tage-Woche wegen Stromsperren und zu einem weiteren Regierungswechsel. Am meisten litten darunter die Autofahrer. Zwischen Januar 1974 und Januar 1975 verdoppelte sich der Benzinpreis,

OBEN Der Countryman mühte sich mehr schlecht als recht bis Ende der 1970er Jahre ab. Dieses Exemplar aus dem Jahr 1979 hat modische selbstklebende Streifen anstelle des Holzimitats

während die Inflation von 25 Prozent dazu führte, dass 1975 ein neuer Mini zum ersten Mal über 1000 Pfund kostete. Die Probleme der britischen Industrie kämpfte mit so gravierenden Problemen, dass British Leyland verstaatlicht wurde, und für längere Zeit stets kurz vor dem Bankrott stand.

So musste der Mini gegen seine jüngeren Rivalen um seine Zukunft kämpfen, und da größere Änderungen nicht infrage kamen, tat er das mit ein wenig Überarbeitung und Kosmetik.

Ab 1976 konnte man seinen Mini optional mit beheizter Heckscheibe, Warnblinker, Belüftung auf Augenhöhe und Radialreifen bestellen, ab 1977 auch mit abblendbarem Innenspiegel, zurückklappbaren Sitzen für mehr Modelle, neuer Innenausstattung und neuem Lenkrad. Und 1975 erschien die erste Sonderausgabe, der »Mini 1000 Special« mit weißen Streifen, zurückklappbaren Sitzen mit orange gestreiftem Polster, einem speziellen Teppich und verchromten Außenspiegeln. Als die Inflation sich 1979 allmählich wieder legte und auch der Preis des Mini dem bei seiner Einführung 1959 erneut ähnelte, konnte, wer wollte, den zwanzigsten Geburtstag des Mini – oder auch den Beginn der Ära Thatcher – im Mini 1100 LE feiern, einem weiteren Sondermodell mit Rosa- oder Metalliclackierung, Vinyldach, Zierstreifen an den Türen, Tartan-Innenausstattung und speziellen Messinstrumenten. Und auch den Mini-Lieferwagen, den in den ausgehenden 1970er Jahren noch immer meistverkauften Kleintransporter Großbritanniens, gab es mit Extra-Innenausstattung.

Doch der Jahresgesamtabsatz betrug jetzt weniger als 200 000 Exemplare und sank innerhalb weniger Jahre auf unter 70 000. Die Versuche, den Mini, soweit irgendwie wirtschaftlich vertretbar, auf dem

OBEN Der Mini Metro wurde 1980 als Großbritanniens neuer Kleinwagen vorgestellt, doch der Ursprungsmini überdauerte ihn

neusten Stand zu halten, glichen in den 1980er Jahren eher einem verzweifelten Sichfestklammern als dem Streben nach Fortschritt. Zwar startete das Jahrzehnt mit dem Verzicht auf den Clubman und der Rückkehr zur klassischen Mini-Form als einziger Option gut, doch in den folgenden Jahren änderten sich nur noch die Bezeichnungen: der City wurde zum E, der HL zum HLE und der HLE zum Mayfair, der an den Schick der frühen 60er Jahre erinnerte. Auch die Namen der nachfolgenden (Sonder)-Modelle wie Chelsea, Piccadilly, Ritz und Designer sprachen für sich; Advantage verwies auf das Tennis, und Sprite, Red Hot und Jet Black sollten sportlich wirken.

In den frühen 1980er Jahren überstand der Mini die Markteinführung seines Nachfolgers Mini Metro, der ab 1983 zum meistverkauften Auto Großbritanniens wurde, während die Mini-Produktion auf unter 50 000 sank. Da aber keine wirtschaftlichen Gründe für sein Aus bestanden, kämpfte er tapfer weiter – getragen von einem neuen Mini-Kult in Japan, wo die Verkäufe in den Himmel schossen.

Der Schöpfer des Mini, Sir Alec Issigonis, verstarb am 2. Oktober 1988 nach jahrelanger schwerer Krankheit. So konnte er 1989 nicht an der sehr unterhaltsamen Feier zum 30. Geburtstag des Mini in Silverstone teilnehmen, und bekam auch etwas nicht mit, an dem er mit Sicherheit Freude gehabt hätte: die Wiedergeburt des Mini Cooper als direkte Folge der Feier, denn John Cooper hatte dort seine Idee eines Mini Cooper im Geiste des Originals für die 1990er Jahre präsentiert. Die Idee gefiel auch dem Mini-Hersteller Rover, der einen offiziellen Bausatz genehmigte, mit dem man einen Original-Mini in einen Cooper umwandeln konnte. 1990 machte Rover dann Nägel mit Köpfen und führte den Mini Cooper erneut als offizielles Modell ein. Ein sofortiger Bestseller, war der Cooper die ganzen Jahre bis zum Ende des Ursprungsmini der Star der Mini-Palette. 1991 kehrte der Cooper S zurück, und kurz vor dem Produktionsende des Mini wurde noch der leistungsstärkste Cooper aller Zeiten vorgestellt, der Cooper S Works mit 90 PS, einer Höchstgeschwindigkeit von über 160 km/h und einer Beschleunigung von 0 auf 100 km/h in weniger als 9 Sekunden. Es war eine tolle Feier zum 40. Geburtstag des Mini.

UNTEN 1989 feierte der Cooper eine allseits begrüßte Rückkehr. Abgebildet ist ein Cooper 1,3 i von 1993

Kapitel 14

Ein Ende und ein Anfang

DIE NEUE BEGEISTERUNG FÜR DEN MINI IN Japan, das Wiederauflebenlassen des Cooper und nicht zuletzt der neue Trend zu »Retro-Schick« machten den Mini zur Mitte der 1990er Jahre erfolgreicher als in den 80ern und läutete eine letzte Runde technischer Verbesserungen ein, damit der Mini die neusten Abgas- und Crash-Tests bestand. Und es geschah etwas, was sich 1959 wohl niemand, nicht einmal Issigonis, vorgestellt hätte: der Mini schaffte es ins 21. Jahrhundert.

Das letzte Exemplar des klassischen Mini rollte im Oktober 2000 in Longbridge, wo auch der erste Mini gebaut worden war, vom Band – über 41 Jahre nach dem ersten. Welche Maßstäbe man auch immer anlegt, das war für ein Auto eine unglaublich langes Leben, aber die Geschichte war auch jetzt noch nicht vorbei.

Sie wäre es vermutlich gewesen, hätte sein Schicksal in den Händen seiner britischen Hersteller gelegen, aber durch eine glückliche Wendung der Geschichte, ließ BMW den Mini als MINI auferstehen.

Doch lasst uns nicht vorgreifen und kurz in die 1960er Jahre zurückkehren, als sich Issigonis und BMC bereits erstmals nach einem möglichen Ersatz für den ursprünglichen Mini umschauten.

Die anderen kleinen Autos waren meist etwas größer und auch weniger schlicht als der Mini, und die Hersteller glaubten, auch sie müssten diese Richtung einschlagen. Sie hatten schon kurz nach Produktionsbeginn mit der Idee längerer und brei-

terer Versionen des Mini gespielt, mit großzügigerer Außen- und Innenausstattung, aber keine dieser Versionen weiterverfolgt. In den 1960er Jahren fertigte Issigonis jedoch unter dem Codenamen 9X eine Designstudie für ein etwas größeres Auto an, das den Mini ersetzen sollte. Um den Raum maximal zu nutzen, wurden der Motor in Querbauweise, der Frontantrieb und die vier Räder in den Ecken der Karosserie wie beim Ur-Mini belassen, dagegen hatte die Studie eine ausgeprägte Kastenform mit längerem Achsenabstand und war ein wenig kürzer.

Weitere Vorteile dieses Modells wären sein leichteres Gewicht, seine einfachere Produktion und sein moderner Motor mit obenliegender Nockenwelle gewesen. Das Projekt geriet jedoch, als BMC zu BMH und BMH zu British Leyland wurde, nach dem Bau von nur zwei Prototypen in Vergessenheit. Issigonis ging kurz darauf in Rente, und das war sein letztes komplettes Projekt – offensichtlich keines, an das man sich besonders erinnern sollte.

Zu den weiteren Umgestaltungsideen gehörte das 1972 gestartete Projekt ADO74, ein bisschen größer als der Ur-Mini, aber ebenso ein Opfer der Unternehmensrestrukturierung. Das verwandte, 1973 gestartete Projekt ADO88, ging ebenfalls nie in Produktion, floss aber in die LC8-Studie ein, aus der 1980 der Metro hervorging. Im Gegensatz zu früheren Plänen galt der Metro jedoch nicht mehr als Mini-Ersatz, sondern als neues, leicht größeres Modell, das man parallel zum Mini anbot. Weitere Versuche in den frühen 1990er Jahren waren zum Beispiel der Minki One und der Minki Two, die so aussehen sollten wie der Mini, wäre er erst 30 Jahre später entworfen worden: Mit dem typischen Erscheinungsbild eines Mini, aber beide mit einem

GEGENÜBER Der 9X war ein frühes Konzept eines Mini-Ersatzes, an dem Issigonis selbst beteiligt war

UNTEN Der Minki, ein Experiment, bei dem ein Mini mit einem modernen K-Serie-Motor ausgestattet wurde

OBEN Der ADO74, ein Mini-Ersatz aus den frühen 1970er Jahren, war eine Totgeburt

MITTE Das Styling des ADO88, mit Anleihen beim Mini-Metro

ausgezeichneten, modernen Rover K-Serie-Motor bestückt, der Minki Two mit den üblichen vier, der Minki One nur mit drei Zylindern. Wie bei den anderen »Ersatz«-Projekten wurden aber keine tiefgreifendere Veränderungen vorgenommen.

Und damit ist Geschichte des klassischen Mini auch schon erzählt – man wollte ihn zwar auch danach immer wieder ersetzen, fand aber nie den passenden Nachfolger.

Aber zurück in die 1990er Jahre, als sich für die Rover-Gruppe, die den Mini herstellte, noch einmal alles auf den Kopf stellte. Nach einer Partnerschaft mit Honda, von der Honda wohl annahm, sie würde viel länger bestehen, schnappte BMW Anfang 1994 den Japanern Rover buchstäblich vor der Nase weg, und zwar von British Aerospace, das Rover fast umsonst vom britischen Staat erworben hatte, der zuvor Rover lange über Wasser gehalten hatte.

Die Wenigsten konnten die Übernahme des »englischen Patienten«, wie man ihn im Rover-Management nannte, durch den erfolgreichen bayerischen Automobilhersteller nachvollziehen. BMW aber war auf etwas anderes aus: die Land Rover-Technologie, um das Geländewagen-Segment zu erobern. Außerdem erwarb man damit auch einige interessante Marken wie Austin-Healey, Riley, MG und nicht zuletzt Mini. BMW hatte zwar nicht vor, die Produktion des original Mini auf ewig fortzusetzen, aber seine Firmenstrategie laute-

te, in allen interessanten Marktsegmenten, darunter auch in dem für Kleinwagen, hochwertige Autos zu bauen.

Neben dem Einstieg in die Nischen-Segmente der Geländewagen oder der kleineren Sport-Limousinen sollte ein neuer Mini BMW zu einer massiven Expansion verhelfen, denn man wollte in die Liga der richtig großen Autohersteller wechseln. Die Bühne war bereit – BMW baute eine neue Generation des Mini, viel kleiner und billiger als die anderen Autos der Marke. Und damit sich der neue vom »klassischen« Mini unterschied, aber von dessen gutem Ruf profitierte, nannte man ihn MINI.

Da es sich beim MINI wie beim Rolls-Royce, seinem Stallgenossen im obersten Marktsegment, um eine eigene Marke der BMW-Gruppe handelte, durfte er entgegen der BMW-Norm lobenswerterweise seinen Frontantrieb beibehalten – er zählte schließlich zu den charakteristischen Merkmalen dieses Autos. BMW sah auch Potenzial im MINI, das Rover verborgen geblieben war, und brachte ihn nicht nur in einem einzigen Model, sondern als neue MINI-Familie auf den Markt. So formte BMW eine Marke, die sich schließlich 500 000 Mal pro Jahr verkaufte.

OBEN Bernd Pischetsrieder, der Rover-Chef von BMW, einer der Männer hinter dem neuen MINI

1995 nahmen die Ingenieure und Designer bei BMW und Rover die große Herausforderung der Kreation des neuen MINI an, und noch im selben Jahr bestätigte der bei BMW für Rover verantwortliche Manager Bernd Pischetsrieder, der zudem – ein merkwürdiger Zufall – über dessen Mutter mit Alec Issigonis verwandt war, gegenüber der Automobilpresse, dass das Projekt langsam aber sicher vorankam. Er ging damals von vier oder fünf Jahren bis zur Markteinführung aus und erwarte-

UNTEN Der Spiritual, ein Konzept für die äußere Erscheinung des neuen MINI

te von Rover, bei der Entstehung des MINI eine genau so große Rolle zu spielen wie BMW, »weil die Briten diese Art Auto besser verstehen als alle anderen.«

Man startete wie in der Branche üblich mehrere parallele Projekte, deren Teams alle hofften, die endgültige Produktionsfreigabe für sich zu verbuchen. Die früheren Kleinwagenstudien von BMW wie der Elektrokleinwagen E1 und der spleenige Dreisitzer Z13 mit Heckmotor waren für das MINI-Programm kaum von Bedeutung. Und auch nicht die zwei nun erstellten Studien von Rover, der Spiritual und der Spiritual Too, futuristisch anmutende Kreationen von Rovers hoch angesehenem Chefdesigner Geoff Upex.

Die im März 1997 auf dem Genfer Automobilsalon vorgestellten Konzeptwagen brillierten mit zahlreichen innovativen Eigenschaften, darunter einem in Längsrichtung unter den Rücksitzen eingebauten Dreizylinder-Motor, der die Hinterräder antrieb, einem erstaunlich geringen Gewicht, einer Hydragasfederung und für die Größe reichlich Platz im Innenraum – genau wie der Ur-Mini. Der dreitürige Spiritual und der etwas längere fünftürige Spiritual Too trugen beide den Namen MINI, und viele Autokenner glaubten deshalb, sie seien ein Vorgeschmack auf den echten neuen MINI. In Wirklichkeit aber standen sie nur für eine weitere Sackgasse. Ein anderes in Genf vorgestelltes Auto, der ACV30, der nach dem letzten Sieg eines Mini bei der Rallye Monte Carlo im Januar 1997 seine Marktein-

führung erlebt hatte, war in gewisser Weise ein viel besserer Indikator dafür, in welche Richtung die neue Generation MINI steuern sollte. ACV30 stand für »Anniversary Concept Vehicle 30« (Jubiläums-Konzeptfahrzeug 30), und der röhrengerahmte Zweisitzer mit Rover MGF-Motor und Heckantrieb hatte die für einen Cooper klassische rot-weiße Lackierung. Wer ihn sich heute noch einmal vor Augen führt, erkennt in seiner äußeren, noch mehr aber in seiner inneren Erscheinung vieles, was auf den MINI verweist. Und doch war auch er nicht einmal entfernt der neue MINI.

Aber das Projekt mit der internen Bezeichnung E50, aus dem bald der neue MINI hervorgehen sollte, war bereits in vollem Gange und wurde 1996 mit dem Auftrag an Rover übergeben, es bis zu einem produktionsreifen Auto zu entwickeln.

OBEN Der atemberaubende ACV30 aus dem Jahr 1997 wurde zur Feier der Mini-Erfolge bei der Rallye Monte Carlo gebaut und verriet schon Einiges zum neuen MINI

Kapitel 15

Eine Legende wird 50

WIE KONNTE DER MINI MILLIONEN VON FANS auf der ganzen Welt begeistern? Er schaffte, woran andere scheiterten: Bequemes und zuverlässiges Reisen in einem praktischen Kleinwagen … Außerdem sah er gut aus, und das Fahren machte mächtig Spaß.

Der Bestseller im Kleinwagensegment erhielt erstmals Konkurrenz, als Hillman 1963 den Imp herausbrachte. Der Mini dominierte aber weiterhin den Markt, auch noch, als 1975 die Chevette von Vauxhall erschien, die zwar moderner und praktischer als der Mini war, ihm aber nicht den Rang abzulaufen vermochte. Und schließlich überdauerte der Mini, dessen Beliebtheit kaum abnahm, 1980 auch die Einführung des Metro.

Der Metro konnte zwar den Mini nicht verdrängen, ließ aber die Verkaufszahlen des Letzteren in den 1980er Jahren erheblich sinken, und das Interesse am mittlerweile zum Kult gewordenen Design belebte erst 1989 die Wiedereinführung des berühmten Mini Cooper neu. So verlor der Mini während der ganzen 1990er Jahre, bis zur Einstellung der Produktion am 4. Oktober 2000, kaum an Attraktivität und Anziehungskraft. Auch mehr als 15 Jahre danach ist der klassische Mini noch immer ein gewohnter Anblick auf den Straßen Großbritanniens, und die Modelle aus der Zeit vor 1980 gelten als Sammlerstücke.

VON LINKS NACH RECHTS Frank Stephensons frühe Konzepte kommen dem MINI, wie wir ihn heute kennen, erstaunlich nahe

Die allerersten Minis sind so geschätzt, dass sie alle eigene Fanclubs haben. Von den im ersten Produktionsjahr (1959) vom Band gelaufenen Minis, die mittlerweile bald 60 Jahre auf dem Buckel haben sind noch immer gegen 100 zum Fahren auf der Straße zugelassen.

Seinen 50. Geburtstag feierte der Mini 2009 bereits unter den wohligen Fittichen von BMW. Zum 20., 30. und 40. Jahrestag seiner Erstvorstellung waren Sondermodelle erschienen, und BMW hatte mit dem Checkmate und dem Park Lane zwei Modelle des Mini 7 präsentiert. Eine neue Generation von Fahrern fuhr mit Freude den 2007 eingeführten MINI One MK II, den ein Jahr später eingeführten Clubman oder auch das seit 2009 erhältliche Kabrio.

Auf den ersten Blick konnte man kaum Unterschiede zwischen dem MINI One MK II und seinem Vorgänger ausmachen, doch die Karosserie war komplett überarbeitet worden, um die immer strengeren Sicherheitsauflagen der Behörden für Straßen- und Fahrzeugsicherheit in Europa und den USA zu erfüllen. Man hatte die Vorderseite leicht angehoben, und der MK II war mit 3699 mm genau 60 mm länger als sein Vorgänger.

Als Hommage an Issigonis' Original-Entwurf entschied man sich für einen übergroßen, die Mitte des Armaturenbretts einnehmenden Tacho, nun mit integrierter Tank- und Radioanzeige sowie optional mit Navi. Die Technologie des einundzwanzigsten Jahrhunderts veränderte auch

UNTEN Die Innenausstattung des neuen MINI MK II

so einfache Dinge wie das Ein- und Aussteigen und den Start des Motors: Der traditionelle Zündschlüssel wurde durch einen Funkschlüssel ersetzt, der die Türen automatisch entriegelte, wenn man sich dem Auto näherte, und den Motor startete man durch Druck eines Knopfs am Armaturenbrett.

Die legendäre mangelnde Beinfreiheit auf der Rückbank des MINI hatte man mit

großem Einfallsreichtum angegangen, indem man die Rückseiten der Vordersitze mit Hohlräumen versah. Bei all dem intelligenten Styling und der erhöhten Sicherheit darf man aber die vielleicht wichtigsten Veränderungen nicht vergessen, die unter der Motorhaube steckten. Die Grundversion des MINI One trieb ein komplett neuer, von BMW und PSA entwickelter 1,4-Liter-Vierzylindermotor mit 16 Ventilen an, der den Wagen mit flotten 95 PS eine Höchstgeschwindigkeit von 185 km/h erreichen ließ und in unter 11 Sekunden von 0 auf 100 km/h beschleunigte.

OBEN Ein tönernes Modells des neuen MINI in Echtgröße wird angefertigt

OBEN Von Beginn an hatten die Designer des neuen MINI spannende Varianten im Kopf

Aufregender war die Entwicklung der Cooper-Modelle. Der Standard-Cooper brachte dank dem 1,6-Liter-Nachfolger des Prince I4-Motors mit variabler Ventilsteuerung Valvetronic von BMW und sechsgängigem Direktschaltgetriebe eine Leistung von 120 PS mit, und Fahrer mit Bleifuß konnten ihn bis auf 200 km/h beschleunigen, wobei sie die 100 km/h-Marke in nur 9,1 Sekunden erreichten. Trotz seiner beeindruckenden Leistungsfähigkeit verbrauchte er ganze 19 % weniger Kraftstoff als sein Vorgänger. Wer es noch schneller mochte, kaufte sich den Cooper S, auch er

LINKS Frank Stevenson (rechts), der Designer des neuen MINI

mit 1,6-Liter-Prince-I4-Motor, aber während der MK I seine Steroid-Injektion von einem Lader erhielt, hat der MK II einen Twin-Scroll-Turbolader. Diese erstmals in einem Auto dieser Fahrzeugklasse verwendete clevere Erfindung reduziert den Abgasgegendruck bei niedrigen Drehzahlen und bietet mehr Leistung und Schub bei niedrigerem Kraftstoffverbrauch als ein gewöhnlicher Turbolader.

Kombiniert mit einer »Überlastungsschutzfunktion«, die bei schneller Be-

GEGENÜBER Der MINI wird in einer hochmodernen Fabrik im englischen Oxford gefertigt

UNTEN Das MINI-Konzeptauto sah dem späteren Serienauto sehr ähnlich

schleunigung das Drehmoment erhöhte, ergibt dies einen äußerst kraftvollen Motor, der den kleinen »S« in 7,1 Sekunden von 0 auf 100 km/h und weiter bis auf eine Höchstgeschwindigkeit von knapp 230 Stundenkilometern beschleunigt, und das bei einem erstaunlich niedrigen Kraftstoffverbrauch von nur 6,9 l/100 km. Noch weniger Kraftstoff verbraucht und damit umweltfreundlicher ist der Cooper D, der mit seinem 1,6-Liter DV6-Peugeot-Motor der erste Cooper in der beeindruckenden Geschichte dieser Marke mit Dieselmotor ist.

Mit einer Beschleunigung von 0 auf 100 km/h in 9,9 Sekunden und einer Höchstgeschwindigkeit von 195 km/h verdient er zweifellos den Namen Cooper. Dank des BMW-eigenen EfficientDynamics-Systems, eines Stopp-Start-Systems, beträgt der Kohlendioxidausstoß bescheidene 104 g/km, und mit einem Kraftstoffverbrauch von 3,8 l/100 km fährt er, was die Umweltfreundlichkeit betrifft, in der Klasse des sagenumwobenen Toyota Prius Hybrid mit.

Auch der erste Elektro-MINI stammt von BMW. Der 2008 auf der Los Angeles Auto Show präsentierte MINI E hat seine Entwicklung den neuen kalifornischen Vorschriften zu verdanken, die die Hersteller zum Angebot von Null-Emissions-Fahrzeugen verpflichten. Angetrieben von einem Asynchronmotor erreichte der MINI E eine Höchstgeschwindigkeit von 153 km/h und hatte eine Reichweite von 155 bis 175 Kilometern. Nach Ankündigung sollten 500 Exemplare zum Test durch ausgewählte Einwohner Kaliforniens gebaut werden, doch der MINI E war so populär, dass sich rund 9500 Leute registrierten, die einen MINI E für monatlich 850 US-Dollar (etwa 650 Euro) leasen wollten. In Bestätigung seiner führenden Rolle im Bereich innovativer Automobiltechnik legte

BMW erneut die Latte hoch und bestimmte einen neuen Standard, ohne aber dabei die Schlüsselfaktoren zu vernachlässigen, die den Charakter des MINI ausmachen.

Das 50-jährige Jubiläum des kleinen Wagens wurde natürlich gebührend gefeiert. Die Royal Mail veröffentlichte eine Sonderbriefmarken-Serie mit dem Titel »British Design Classics«, die einen eierschalenblauen original MK1 Mini mit dem Nummernschild XAA 274 zeigte. Im Rahmen eines Rennens von London nach Brighton versammelten sich im Mai selben Jahres 1450 Minis beim Crystal Palace und stellten so einen Weltrekord für die größte je dagewesene Mini-Parade auf. In der Woche darauf nahmen 10 000 Minis und 25 000 Menschen an der Geburtstagsfeier auf dem Rennstreckengelände von Silverstone teil, und im August versammelten sich rund 4000 Minis aus der ganzen Welt in Longbridge, Birmingham, um den 50. Geburtstag des Mini zu feiern – und die erstaunliche Tatsache, dass die Kult-Marke vor dem Aussterben gerettet worden war.

Kapitel 16

Die Modelle im Wandel der Zeit

Austin Mini Seven und Morris Mini Minor 1959

DER IM AUGUST 1959 EINGEFÜHRTE URsprungs-Mini stellte das Kleinwagen-Segment geradezu auf den Kopf. Die Kombination aus einem Motor in Querbauweise, Frontantrieb, winzigen Rädern mit nur 25 cm Durchmesser und Gummifederung war einzigartig, und dank des genialen Designs fanden trotz des beschränkten Raums vier Personen darin Platz. Und seine funktionale Erscheinung machte nur einen Teil der ausgeprägten Persönlichkeit aus.

Mini Countryman Traveller 1960

SCHON BALD ERKANNTE MAN BEI BMC, DASS der Mini modellmäßig mehr hergab als nur die Limousine, und so entschied man sich wie zuvor beim Minor für einen Kombi. Der erfolgreiche Countryman (oder Traveller) verfügte neben einem ähnlich großen Fahrgastraum über wesentlich mehr Stauraum fürs Gepäck, und die traditionelle Holzverkleidung verlieh ihm seinen eigenen Stil. Im Gegensatz zum Elf und dem Hornet sah er aber aus wie ein echter Mini.

Mini Van / Pick-up

1960

VON DER MODISCHEN KOMBIVERSION WAR es nicht mehr weit zu Nutzfahrzeugen – nur die Heckform musste weiter umgestaltet werden: So folgten dem Countryman (Traveler) schon bald der Kleintransporter, eigentlich ein Kombi ohne Rückbank und -fenster, und der Pritschenwagen, mit einer kurzen Fahrgastzelle mit zwei Sitzen und einer überraschend geräumigen, offenen Ladefläche dahinter. Beide Modelle waren äußerst erfolgreich.

Mini Cooper 1961

SCHON BALD ENTDECKTEN ENTHUSIASTISCHE Mini-Fahrer, dass ihr Liebling ein sensationelles Fahrverhalten an den Tag legte und ihm mehr Leistung gut stünde. Deshalb boten Aftermarket-Tuner bald entsprechende Kits an. 1961 brachte BMC dann in Zusammenarbeit mit dem Rennwagen-Konstrukteur John Cooper den ersten schnelleren Werks-Mini heraus, den Ur-Mini Cooper mit 997 Kubikzentimetern Hubraum, 55 PS und einer Höchstgeschwindigkeit von 142km/h. Sein Erfolg übertraf selbst die kühnsten Träume.

Riley Elf / Wolseley Hornet 1961

IM BESITZ VON BMC BEFANDEN SICH IN DEN frühen 1960er Jahren noch zahlreiche andere Marken neben Austin und Morris, so die »gehobenen« Riley und Wolseley. Der Elf und der Hornet mit ihren falschen Motorhauben und Kühlergrills, dem längeren Kofferraum und der etwas luxuriöseren Innenausstattung – teilweise gar aus Holz! – hatte jedoch für viele kaum mehr etwas mit der genialen Einfachheit des Ur-Mini zu tun.

Mini Cooper S
1963

DER MINI COOPER S WAR EIN NOCH FLOTTERER Flitzer für Straße, Rennstrecke und Rallyesport. Eins nach dem anderen erschienen drei Modelle: das hochtourige mit 1071 cm^3 Hubraum, 70 PS und 153 km/h Höchstgeschwindigkeit, der Klassiker mit 1275 cm^3, 76 PS, und 156km/h und der seltene Exot mit 970 cm^3 und 65 PS, der mehr noch als seine beiden Brüder vor allem für den Motorsport gedacht war. Alle drei festigten das sportliche Image des Mini.

33 EJB 1963

DER MINI HATTE SICH IM SPORT SCHON EINEN Namen gemacht, als im Januar 1964 der 33 EJB mit Paddy Hopkirk und Henry Liddon die Rallye Monte Carlo – die wichtigste überhaupt – gewann. Ihr 1071 Cooper S brach im verschneiten Minsk auf und schlug sich tapfer gegen weit größere Konkurrenten bis zu den letzten Tourenprüfungen in Monte Carlo. Weitere Minis folgten auf den Plätzen vier und sieben, und BMC gewann auch die Mannschaftswertung.

Mini Moke 1964

DER MOKE WAR DEFINITIV DER AUFFÄLLIGSte und einer der charaktervollsten Serien-Minis. Als eine Art Kreuzung aus Jeep und Buggy war er ein sehr eigenwilliges Nutzfahrzeug. Motor, Getriebe, Aufhängung, Bremsen, Lenkung und Fahrgestell stammten unverändert vom Mini. Die Karosserie dagegen hatte es in sich: Ein einfacher, offener Aufbau mit vier Sitzen und einem optionalen Dach machten den Moke zum idealen Allzweckfahrzeug.

Ein Mini für einen Monkee 1967

1967 BESTELLTE MIKE NESMITH VON DEN Monkees einen sehr speziellen Mini, der bald als teuerster Mini der Welt galt: Ein Cooper 1275 S mit Motortuning von Downton und einer Innenausstattung von Radford. Dazu gehörten spezielle Sitze, Messgeräte, ein Radio mit Kassettendeck und eine Klimaanlage, denn Mike nahm das Auto in die USA mit, wo er wohnte. Der Preis von 3600 Britischen Pfund enthielt deshalb keine Verbrauchssteuer.

Mini Mk II
1967

NACH MEISTERUNG SEINER FRÜHEN KRISEN und Eingang in die Lebenskultur musste der Mini sich ohne Verlust seines Charakters weiterentwickeln. Beim MK II waren Heckscheibe, Kühlergrill und Rückleuchten größer, die Sitze besser und die Innenausstattung gehobener. Damit entfernte er sich nur leicht von der ursprünglichen Einfachheit, entsprach aber den Marktanforderungen und ermöglichte kontinuierliche mechanische Verbesserungen.

Mini Clubman
1969

WIE ZUVOR SCHON BEIM ELF UND DEM HORnet wurde mit dem Clubman versucht, den Mini in etwas Neuartiges zu verwandeln. Die einzige Motivation für die längere, quadratischere und hässlichere Frontpartie bestand darin, anders sein zu wollen – fälschlicherweise hielt der Hersteller das Resultat für moderner und stylisher. Aber der klassische Mini-Stil war gerade nicht das Resultat von Styling, sondern der Philosophie, dass Funktion vor Form geht.

Mini 1000
1969

DER MINI WURDE ZWAR IMMER KULTIVIERTER, nahm dabei aber auch zu, und das sollte der 1000-cm^3-Motor wettmachen. »Gehobene« Neuerungen des Mini 1000 waren Kurbelfenster oder in der Karosserie verborgene Türscharniere, aber dadurch gingen einige markante Design-Besonderheiten des Ur-Mini zugunsten von etwas vermeintlich Schickerem verloren. Kein übles Auto, aber immer weiter weg von Issigonis' einfachen Ingenieurs-Lösungen.

Mini 1275 GT
1969

DER 1275 GT ERSETZTE DEN COOPER S NICHT, weil er besser, sondern weil er billiger herzustellen war – und weil so die Lizenzgebühr von 2 Britischen Pfund an John Cooper für seinen Namen wegfiel. Ein Fehlentscheid, denn der 1275 GT schnitt im Vergleich mit den Cooper-Modellen schlecht ab. Weniger Leistung, kaum sportlicher Charakter, und mit seiner vom Clubman abgekupferten langen Nase sah er nicht einmal aus wie ein Cooper.

Mini Cabriolet
1991

WAS NOCH FEHLTE, WAR EIN KABRIO – ABER der Mini hatte einfach nicht die passende Form, um kurzerhand das Dach zu entfernen und es durch ein Faltverdeck zu ersetzen. Mit geschlossenem Verdeck sah das Cabrio ganz passabel aus, aber wenn man das Verdeck öffnete und es nicht auf der Rückbank verstauen konnte oder wollte, stand das sperrige Stück vom Heck ab wie ein schmerzender Daumen – und leierte dabei auch noch aus.

Cooper S Works
1999

DER COPPER S WORKS IN DER KLASSISCHEN Mini-Form komplettierte die Cooper-Modellserie kurz vor dem Aus für die erste Mini-Generation. Der Touring und der 5 Sport mit ihrem 1275-cm^3-Motor mit einer Leistung von 90 PS, der den Wagen in weniger als 10 Sekunden von 0 auf 100 km/h beschleunigte, waren die spritzigsten Serien-Cooper überhaupt, und der 5 Sport hatte gar ein Fünfgang-Getriebe und Räder mit 33 cm Durchmesser.

MINI One
2001

ALS MAN BEI BMW DEN MINI SOZUSAGEN neu erfand, tat man das mit aufrichtigem Respekt vor seinem Erbe. Ohne bewusst altmodisch zu wirken, spiegelte der MINI innen wie außen den Geist des alten Mini wider. Schon der MINI One wurde in puncto Leistung und Fahrverhalten der legendären Reputation des original Mini gerecht: mit einem 1,6-Liter-Motor mit 90 PS erreichte er bis zu 185 km/h. Und dazu war er hervorragend verarbeitet.

MINI Cooper
2001

DER MINI WAR OHNE COOPER NUR EINE HALbe Sache. So kehrten mit dem MINI One mit dem 115 PS starken 1,6-Liter MINI Cooper dessen Name und Philosophie zurück, gefolgt vom MINI Cooper S mit einem Lader und 163 PS, der 217 km/h erreichte und in unter 8 Sekunden von 0 auf 100 km/h beschleunigte. Der neue Cooper S Works hatte 210 PS, fuhr bis zu 225 km/h schnell und beschleunigte in unter 7 Sekunden von 0 auf 100 km/h.

MINI Convertible 2004

UM DIE SICHERHEITSBESTIMMUNGEN DES 21. Jahrhunderts zu erfüllen, hatte der neue MINI eine größere Karosserie, was zugleich eine deutlich bessere Ausgangslage für ein gutaussehendes Kabrio war als beim Ur-Mini. Das Freiluft-Lebensgefühl und die Vielseitigkeit eines abnehmbaren Verdecks gingen nun nicht mehr in erheblichem Maße auf Kosten der Dynamik oder der Leistung. Und das Beste: Es gab die Cabrios auch vom MINI Cooper – sogar den Cooper S Works.

MINI One Mk II
2007

AB 2007 FÜHRTE DIE ZWEITE GENERATION des MINI One die Tradition weiter. Beim Auto mit dem neuen, in Zusammenarbeit mit PSA Peugeot Citroën gebauten Motor, behielt man die Grundform des MK I bei, auch wenn die Karosserie komplett neu gestaltet wurde, um die immer strengeren Sicherheitsanforderungen zu erfüllen. Und alles, ohne den Spaßfaktor zunichte zu machen, der den MINI bei seinen vielen Fans so besonders macht.

MINI Cooper D MK II 2007

ZUR BLÜTEZEIT DES UR MINI WAREN DIESELmotoren nur etwas für Lastwagen, Traktoren und Taxis, und ein Dieselmotor, klein genug, um in einen Mini zu passen, hätte wohl nur eine sehr geringe Leistung erbracht. Das galt allerdings in keiner Weise für den MINI Cooper D, den ersten Diesel mit dem Namen Cooper. Dank des EfficientDynamics Systems von BMW verbrauchte er gerade einmal 3,8 l/100 km Kraftstoff, und seine CO_2-Bilanz glich der eines Toyota Prius – bei einer Beschleunigung von 0 auf 100 km/h in weniger als 10 Sekunden und einer Höchstgeschwindigkeit von über 193 km/h.

Mini Clubman
2008

MIT SEINEN VERSIONEN COOPER, COOPER S und Cooper D war der 2008 eingeführte MINI Clubman ein sofortiger Erfolg. Bis zur B-Säule war die Front identisch mit den Hecktürmodellen, dahinter aber endete jegliche Ähnlichkeit. Der Clubman ist 241 mm länger und bietet so mehr Beinfreiheit und einen größeren Kofferraum. Einige Experten behaupten, er sei eher ein Countryman oder Traveller als ein Clubman, doch die Rechte an diesen historischen MINI-Namen besitzt BMW nicht.

Mini John Cooper Works 2008

DIE AUF DEM GENFER AUTOSALON 2008 ENTHÜLLTEN John Cooper Works-Modelle sind in den Formen Hatchback und Clubman erhältlich. Sie verfügen über einen Twin-Scroll-Turbolader, ein überarbeitetes Getriebe, BMW-eigene Systeme zur Traktions- und Stabilitätskontrolle sowie Vierkolben-Scheibenbremsen, und bringen bei einer Drehzahl von 6000 Umdrehungen pro Minute und einem Drehmoment von 260 Nm (280 Nm mit Overboost-Funktion) satte 211 PS auf die Straße. Damit beschleunigt der Cooper Works in nur 6,5 Sekunden von 0 auf 100 km/h und erreicht eine Höchstgeschwindigkeit von 238 km/h.

Mini Cooper SD Countryman 2011

ZUM ERSTEN MAL ÜBERHAUPT KONNTE EIN MINI mit vier Türen und einer großen Heckklappe sowie einem Innenraum für bis zu fünf Insassen prahlen. Darüber hinaus war der MINI Countryman das erste Modell der Marke mit einer über vier Meter langen Karosserie, optional mit Allradantrieb »ALL4«.

Der Countryman kam im September 2010 mit drei Benziner- und zwei Dieselvarianten auf den Markt. Die Auswahl der Benzinvarianten reicht vom Mini One Countryman (72 kW, 98 PS) und dem Mini Cooper Countryman (90 kW, 122 PS) bis hin zum Mini Cooper S Countryman (135 kW, 184 PS), dessen 1,6-Liter-Vierzylinder-Motor der effizienteste seiner Klasse ist. Dazu gesellen sich die Dieselvarianten Mini Cooper D Countryman (82 kW, 112 PS) und Mini One D Countryman (66 kW, 90 PS). Das Allradantriebssystem »ALL4« ist für den MINI Cooper S Countryman und den MINI Cooper D Countryman erhältlich.

Mini Coupé / Roadster 2012

DAS MINI-COUPÉ WAR DER ERSTE MINI ZWEIsitzer und der erste mit einem Drei-Box-Design, sprich mit separatem Motor-, Fahrgast- und Gepäckraum. Und es war auch der schnellste je in Serie produzierte Mini – die Version John Cooper Works beschleunigte in 6,4 Sekunden von 0 auf 100 km/h und konnte dank ihres 1598-cm^3-Vierzylinder-Motors und eines Turboladers 208 PS (155 kW) und eine Höchstgeschwindigkeit von 240 km/h vorweisen. Der Roadster war als Kabrio-Version des Coupé in den Ausführungen Cooper, Cooper S und John Cooper Works erhältlich.

Mini Paceman 2013

DIE ZWEITÜRIGE COUPÉ-VERSION DES COUNtryman wurde 2011 als Konzeptauto auf der Detroit Auto Show vorgestellt, die Serienvariante 2012 auf dem Autosalon Paris, und seit dem zweiten Quartal 2013 ist der Mini Paceman international erhältlich.

Mini Cooper 2014

DIE NEUE REIHE BESTEHT AUS DEN GUT BEkannten Varianten Cooper, Cooper D und Cooper S, dem einfacheren MINI One und dem Flaggschiff MINI Cooper S JCW, mit stark getunter Federung und mehr Leistung aus dem 2,0-Liter-Motor mit Turbolader. Zum ersten Mal kamen alle Standard-Ausführungen als Fünftürer heraus. Die Kabrio- und die Clubman-Variante wurden 2015 eingeführt.

Der Cooper und Cooper D haben einen 1,5-Liter-Dreizylinder-Motor. Mit 134 statt den 122 PS seines Vorgängers bringt der Cooper mehr Leistung mit, die ihn in 7,9 Sekunden von 0 auf 100 km/h beschleunigt, ganze 1,2 Sekunden schneller als beim Vorgänger. Beim Cooper D wurde die Leistung um 2 PS auf nunmehr 114 PS erhöht, was ihn in 9,1 Sekunden von 0 auf 100 km/h beschleunigen lässt, 0,5 Sekunden weniger als beim Vorgänger.

Beide Autos sind effizienter geworden, und der Cooper D ist der bisher saubersste MINI. Er verbraucht 3,5 Liter Kraftstoff pro 100 Kilometer bei einem Kohlendioxidausstoß von gerade einmal 92 g/km. Inzwischen wurde beim Flaggschiff, dem Cooper S, der 1,6-Liter-Turbomotor gegen eine 2,0-Liter-Version aus derselben Serie getauscht, was mit einer Leistungssteigerung von 181 PS auf 189 PS einherging.

Der Abdruck der Bilder in diesem Buch erfolgt mit freundlicher Genehmigung von:

GETTY IMAGES
101 Bayham Street, London NW1 0AG

NATIONAL MOTOR MUSEUM TRUST
Beaulieu, Brockenhurst, Hampshire SO42 7ZN

BMW GREAT BRITAIN
Bracknell, Berkshire RG12 8TA

BRITISH MOTOR INDUSTRY HERITAGE TRUST
Gaydon, Warwickshire CV35 0BJ

CAR PHOTO LIBRARY
www.carphoto.co.uk

In Zusammenarbeit mit G2 Entertainment Limited